国外城市设计丛书

美国联邦城市更新计划

1949－1962年

[美] 马丁·安德森　著
吴浩军　译

中国建筑工业出版社

著作权合同登记图字：01－2011－5331号

图书在版编目（CIP）数据

美国联邦城市更新计划1949－1962年/（美）安德森著；
吴浩军译．—北京：中国建筑工业出版社，2011.12
（国外城市设计丛书）
ISBN 978－7－112－13700－8

Ⅰ.①美… Ⅱ.①安…②吴… Ⅲ.①城市规划－研究－
美国—1949～1962 Ⅳ.①TU984.712

中国版本图书馆CIP数据核字（2011）第212125号

and the Chinese version of the books are solely distributed by China Architecture and Building Press

The Federal Bulldozer：A Critical Analysis of Urban Renewal 1949－1962

本书由美国Martin Anderson教授正式授权我社翻译出版

责任编辑：程素荣
责任设计：赵明霞
责任校对：党 蕾 赵 颖

国外城市设计丛书
美国联邦城市更新计划
1949－1962年
［美］马丁·安德森 著
吴浩军 译

*

中国建筑工业出版社出版、发行（北京西郊百万庄）
各地新华书店、建筑书店经销
北京嘉泰利德公司制版
北京建筑工业印刷厂印刷

*

开本：787×1092毫米 1/16 印张：11 字数：261千字
2012年1月第一版 2012年1月第一次印刷
定价：**38.00**元
ISBN 978－7－112－13700－8
（21457）

中文版序

第二次世界大战结束后的20世纪40年代后期到50年代上半期，美国成为世界上唯一的强国。经济的稳定增长，国力的日益强大，令自豪的美国领导者和广大民众都踌躇满志，希望在国际、国内更加积极地显示美国的形象。事实上，美国对自己的抱负是由美国历史上最受尊敬的三位总统之一的F·罗斯福规划的。1945年罗斯福去世后，他的副总统、也是总统接班人的杜鲁门在其后8年的总统任期内（1945—1952年），秉承了罗斯福的愿望。在国际上，美国依靠“马歇尔计划”，建立了其国际领袖的地位。在国内，当时由民主党控制的联邦政府推行一系列社会改革，包括1949年提出的、其后饱受争议的联邦城市更新计划（Urban Renewal）。

城市更新本身并非是一个新理念。早在19世纪的欧洲，面对工业化初期的诸多城市问题，在伦敦、巴黎等大城市的改造中，已经推行了城市更新的政策。虽然城市更新主要表现为城市土地的重新开发，包括拆除棚户区、拓宽道路、改造公共设施等，但是美国的城市更新被赋予了多方面的内涵。对于倡导者及支持者来说，城市更新是经济增长的发动机，也是城市面貌更新直至道德革新（清除“藏污纳垢的棚户区”）的社会改革运动。对于反对者而言，城市更新以破坏社区、造成大量居民动迁为代价来实施由政府主导的大型开发项目，结果带来了社会隔离（Segregation）、绅士化（Gentrification）、中心区衰退及郊区蔓延（Urban Sprawl）。城市更新的手段是动用政府对私有财产的征用权（Eminent Domain）以获得城市中的土地，而最终目的是为了加强政府对居民的控制。

由于城市更新对美国城市在社会上、经济上、形态上造成的巨大影响，也由于美国政府投入了取自纳税人的巨额公共资金，却没有取得公众预期的结果，所以联邦城市更新计划很快就处于风口浪尖，受到左右两方面的激烈批评（这里的左翼指强调关注民生、保护社会弱势，以“公平”为主的立场；右翼指强调市场经济作用，减少政府干预，以“效率”为主的立场）。著名的左派批评者包括简·雅各布斯（Jane Jacobs），她出版于1961年的名著《美国大城市的死与生》已经成为批评美国城市更新运动的经典。右翼的反对者包括本书作者马丁·安德森（Martin Anderson）。他在1964年出版的《联邦推土机：对1949－1962年城市更新计划的批判》（The Federal Bulldozer: A Critical Analysis of Urban Renewal 1949－1962），即本书。“联邦推土机”的书名容易让人误解，所以在征求安德森教授同意后基本以副标题作为中译本的书名）从根本上反对城市更新运动，其主要观点是政府完全不应该以公权力干预城市发展，特别是不可动用由政府垄断的征用权，以动迁私有财产作为城市更新的代价。和简·雅各布斯主要从城市更新的哲学理念、规划方法、实施后果等来提出批评不同，安德森对于城市更新的批判更加具有“颠覆性”的特点，他完全、彻底地否定政府主导的城市更新运动，认为城市更新背离了美国立国的基本理念，城市建设应该依靠市场运作而不是政府干预。在本书中，他也提供了一个以自由市场下的经济体系替代政府开发计划进行城市建设的方案。

安德森对美国城市更新运动的彻底批判态度及提出的建议，和他的教育背景、政治倾向、职业生涯有密切关系。

马丁·安德森出生于1936年，1957年毕业于常春藤名校达德茅斯学院（Dartmouth College），1962年获得麻省理工学院（MIT）博士。此后，安德森曾经担任多个常春藤名校的研究员及教授，包括麻省理工学院、哈佛大学、哥伦比亚大学及斯坦福大学。他的研究领域主要是经济学及政治学，特别是公共政策学。他在28岁时就成为哥伦比亚大学历史上最年轻的终身教授之一。在政治理念上，安德森是一个坚定彻底的共和党人。早在1968年，他就成为尼克松竞选团队的政策研究主任。尼克松当选总统后，他是尼克松的总统特别助理。此后，他又加入历届共和党总统的核心班子，例如他曾经是里根总统智囊班子的领军者及总统首席国内政策顾问，也是布什总统的军备控制委员会成员。有意思的是，正是安德森在联邦政府的深厚人脉，使他得以把格林斯潘引进联邦政府，使格林斯潘最终成为美联储主席。现在，安德森是斯坦福大学胡佛研究所的资深研究员。

我在此不厌其烦地详细介绍安德森的生平，是希望为广大中国读者，尤其是对美国历史不很熟悉的青年读者在阅读此书时提供一些有用的历史背景，以便全面、正确理解本书中的观点。美国20世纪50—60年代的城市更新运动范围广，历时长，为美国甚至为国际的城市规划、公共政策、社会学等诸多学科留下了丰富的经验教训。如何看待城市更新，涉及美国复杂的社会问题、经济问题、城市问题、种族问题，也涉及美国共和党和民主党的党派之争。例如，本书作者安德森就代表了主流共和党人对由民主党发起的城市更新运动的批判，他在书中的观点带有相当的党派争论的色彩，也不免带有相当的偏见。

由于城市更新运动造成的负面后果，美国联邦政府在20世纪70年代初期就停止了由中央政府资助的城市建设项目。其后，美国国会也通过法案，规定任何一项大型城市更新项目开始之前都必须先进行公众听证，通过公民投票。今天，美国的城市建设更多是由市场主导、公众认可、也受政府鼓励的项目。即使是为数不多的由政府主导的城建项目，政府在一开始就强调“公私协作”，保证会吸引市场资金参与而避免仅仅由政府花纳税人的钱去包办。规划法律规定了：重大项目，不论由谁投资，必须通过公众听证，获得大众认可才可进行。出现今天的局面，在很大程度上是吸取了城市更新的教训，也可以说，在相当程度上是应对了来自右翼的强调市场经济作用、减少政府干预的批评意见。

因此，作为学者的安德森在本书中对城市更新的严厉批判，有其正确的一面。例如，他指出：在推行城市更新时，虽然美国政府表明自己的目标是“让人人有一个体面的家、一个舒适的生活环境”，而且强调政府的出发点是“为公共利益服务”，但是联邦城市更新计划所采取的手段和方式，“并不比私人开发商的手段和方式更高效。”政府在城市更新中的具体行为（首先是对公共利益的含糊界定；然后以维护公共利益为名随意动用公权力；最后在实施时粗暴地对待动迁对象及弱势阶层等），和完全为了私利的开发商的行为差别甚小，结果造成了城市更新誉毁交杂的历史名声。

我认为在安德森的通篇著作里，关键问题有两个：第一，如何界定“公共利益”？第二，如何分析维护公共利益的“动机”，与最后是否有利于公众的“效果”之间的关系？安德森在本书中争辩：“公共利益”应该有着准确的使用范围。他说，“公共”指的是组成一个社区、州、联邦的人（所有人）；“利益”指的是某人的好处或福利。公共利益指的是必须符合全体人的好处或福利。然而，“城市更新并不符合这一定义。在城市更新中，部分人的福利是建立在另一部分人牺牲的基础上。”在当时的美国，“政府正在以公共利益之名，蓄意地、有意识地牺牲某部分人的利益来实现另一部分人的利益增长。”他指出：“花费纳税人上百亿的钱，只为实现某一小部分人追求的更精致的城市，是否正当？”这些论点占领了强势的道德高度，也十分能引起大众共鸣。然而，安德森只是提出问题，没有能够解决问题。在1950—1960年的城市更新时期，政府界定的“公共利益”主要是为公众服务的城建项目，特别指拆除棚户区而建造公共住宅、拓宽城市道路、改造给水排水系统、建设学校及体育场等公共设施等项目。这个“公共利益”的界定主要反映了民主党的执政理念，应该说，这个界定虽然有缺陷，但本身没有大错。此后，自共和党的里根总统开始，推行了新自由主义政策，把“公共利益”的界定扩展到“一切有利于促进经济增长的项目都和公共利益有关”，为了落实这些项目（包括房地产开发、吸引外来投资的工业项目等），同样可以动用作为公权力的政府征用权来取得土地。这个新的界定反映了共和党效率导向的执政理念。这样，公权力和大企业的利益更加堂而皇之地结合起来，而广大公众的利益仍然没有得到保障，客观上正好走向了作为共和党核心人物之一的安德森在本书中立论的反面。结论是，界定何为“公共利益”是一件困难而复杂的工作，真正的难点是由于参与各方的基本立场、意识形态、世界观和既得利益的巨大差别，也许根本就无法确定出一个为全体人民公认的“公共利益”，因为所有的“公共利益”都具有一定的局限性。这个认识也是20世纪90年代后联络性规划在美国被广为接受的原因——规划师把帮助公众就“公共利益”达成尽可能广的共识作为自己的主要职责，而不再在共识形成之前就盲目跳入具体建设项目中去。

第二个关键问题是如何分析维护公共利益的项目“动机”，与是否有利于公众的实施“效果”之间的关系。即使政府推行大规模的城市更新确实出于“维护公共利益”的良好愿望，但是更新计划的后果是否能符合绝大多数公众的愿望及利益？安德森在本书中的答案是否定的。同时，他指出：“城市更新计划展现出了可怕的膨胀能力”，往往超出了公众甚至政府的控制。这和美国学者莫罗奇（Molotch）提出的“城市是增长的机器”（The City as Growth Machine，Molotch，1976）的观点相似。事实证明，地方政府推行的任何建设项目都具有多方面的考量，维护公共利益可能是动力之一，而借助于土地开发来拉动经济增长才永远是根本的动力。当然，只要有利于民生，拉动经济增长本身无可厚非。问题在于如果没有公众参与，不理解大多数公众的愿望，地方政府改造城市的效果未必能够反映百姓的愿望，最后出现“动机”与“效果”互不相关甚至南辕北辙的情况。（例如中国城市中被百姓批评的一些所谓“形象工程”、“市长工程”。）这里，又一次反映出社会公众在城市更新、城市管治中的重要地位。而社会公众的地位问题，恰恰是本书欠缺的关键问题之一。作为主流共和党人，安德森对于自由市场体制“全能”的迷信，使他完全排斥了政府的必要干预，也漠视了公众参与（虽然他在书中常常以公众代言人自居）。

回顾美国20世纪50—60年代的城市更新运动，我们可以从中获得很多借鉴。在城市发展中，仅仅依靠市场来进行城市建设无疑会出现只顾企业利润的偏差；而仅仅依靠政府的推动来进行城市更新同样可能面临社会的严厉批评；即使是政府和市场的联盟也难以避免失误——它们失误的原因是相同的：城市建设、城市更新的决策不应该、也无法把城市最大多数的居民排除在外。没有居民的参与，没有公众的监督，任何建设项目都难以成功，而不论其最初的动机如何美好。同时，在经过城市更新时期后，美国规划师们也认真对自己的社会角色进行了反思，作出了重新定位，由此转向了联络性规划。

当前，中国城市也正在进行大规模的城市改造。美国的城市更新运动，其经验教训，给我们以重要的启示，对我们也是十分及时的提醒。安德森写的这本书，可以和简·雅各布斯的《美国大城市的死与生》一起对照阅读，以便从不同立场、不同观点来全面分析理解美国城市更新运动的历史遗产。本书的译者吴浩军在获得美国伊利诺伊（芝加哥）大学（UIC）城市规划硕士学位后，回国到深圳城市规划发展研究中心工作。在繁忙的工作之余，他用一年多的业余时间翻译了此书，实为不易。作为他在美国学习时的指导教师，我可以体会到他翻译此书的一片苦心。目睹当前中国城市大规模改造中出现的种种问题，他希望借鉴美国城市更新的得失教训，以利中国城市的决策者及规划师少走弯路，避免重蹈美国城市更新的覆辙。这也正是我在大暑中阅读译稿，并写下此文的愿望。

张庭伟

2011年8月18日于芝加哥

1964 年版前言

本书写作之初，我的个人兴趣并不在联邦城市更新计划，而是试图找出联邦城市更新计划对私人企业影响方面的答案——如私人的贷款来源，修建的私人建筑类型，私人开发商的开发流程，存在的赢利点等。我个人的研究表明，约 200 亿美元的私人资金将会投入到联邦城市更新计划当中。但是，联邦城市更新计划如何才能吸引 200 亿美元的私人资金呢？本研究的出发点从对这个问题的追问开始。

但很快，我遭受到一次次的挫折。我发现，关于联邦城市更新计划的材料和研究寥寥可数，政府的统计数据也不支持记者们关于联邦城市更新计划的乐观报道。而且，当我开始核查数据时，却发现原先估算的 200 亿美元私人资金消失了。此时，我意识到现有的关于城市更新的大多数论断和结论并不值得我信赖，我必须自己收集、整理支撑性的数据。因此，我决定将我的研究范围扩大至全美所有的城市更新项目。而其后的研究结果也证明，对整个更新计划进行全面分析和评价是值得的。

如今，全面评价联邦城市更新计划困难重重，主要因为：（1）统计数据和统计表格寥寥无几；（2）可获得的数据是不全面的；（3）没有人曾尝试分析更新计划中的种种个案。为此，本书的研究建立在三类主要数据源的基础之上：公开发行的资料、对相关利益主体的采访，以及政府未曾出版的报告。

关于公开发行的资料，虽然零散，但范围却很广。包括数本联邦城市更新计划方面的专著，以及散布在各专业期刊、杂志以及报纸上的大量文章。

在研究期间，我采访了诸多与联邦城市更新计划相关的人员，包括联邦和地方的政府官员、房地产开发商、银行家、社会学家、经济学家、政治家、商人、住在城市更新地区的贫民，以及城市规划师。他们对更新计划的评价和建议价值极大。他们的建议和评价充分肯定了统计数据所显示的结果。

从全国一盘棋的角度对联邦城市更新计划的必要性进行中肯的评价时，必须有全国性的统计数据。全国性的数据对单个城市或社区也很有价值，因为全国性的数据能反映国内其他地区的更新计划的实践，并能将当地的更新项目与国内其他地区的众多案例进行比对。需要说明的是，因为任何由联邦政府推行的大规模社会和经济计划都是很难追溯的，所以，本次研究采用的方法，只是简单的事实罗列和估算，再以逻辑的方式将其组织起来，正如更新计划管理局和其他研究所做的那般。但这已足够，因为事实本身将会告诉人们很多。

本次研究最基础的数据是基于全美所有的更新项目的统计数据（截至 1961 年 3 月 31 日）。所有相关的信息都是从住房和家庭财政部以及关于每个城市更新项目的组成机构的出版刊物中提取而来，并以华盛顿的城市更新管理局未出版的文档和资料为补充，用以佐证这些数据的可信度。城市更新管理局未出版的文档和资料主要用于估算正在开展城市更新地区的更新项目类型和数量。

因为收集到的资料是海量的，如果没有高速计算机，我应仍在埋首处理数据。我对数据的处理过程大致如下：我先对数据进行编码、串联在超过 1 万张 IBM 卡片上。然后，在 IBM1620 计算机上对这些卡片进行处理，并生成新数据。根据各类参数，对新数据进行排序，生成系统性的分析记录。据我所知，这应是全美第一次将联邦城市更新计划中各环节和各类数据联系在一起，并第一次试图对联邦城市更新计划进行理性、完整、全面的研究。

需要说明的是，本次研究中的数据并非完美。一些重要数据是估算的，如关于在建的更新项目的数量，所以，本书的数据存在着一定的误差。本次研究中用以支撑某些观点的数据较为粗糙，尤其是在税收财政变化方面。但请相信，这是迄今为止，全美最准确、最值得信赖的数据；而且，本次研究中的各环节数据能相互支持和互为验证。对于公共决策而言，研究中的估算数据已算得上足够准确。

有些数据已经相对陈旧，但我以为，与其因为花费时间更新数据而将本书的出版时间推迟 6—12 个月，不如将数据更新的工作留待今后。当前，联邦城市更新计划正在快速扩张，而且，据我判断，随着更新计划范围的扩大和不断深化，在短期内，更新计划的进程并不会出现大的转折。所以，我希望，我已经发展成型的分析模式能尽快出版，以帮助那些希望能用最新的数据继续深入分析的人，那些希望用这一分析模式分析他们所在的城市和社区更新项目的人，那些希望对联邦城市更新计划的必要性有更全面了解从而能作出更为明智决定的人。

同样需要说明的是，我本人非常赞同 1949 年国会上阐释的那些目标：愿人人有一个体面的家、一个舒适的生活环境。但是，过去几年的研究告诉我，联邦城市更新计划，即使真能达到上述的美好目标，其所采取的手段和方式，也并不比私人开发商的手段和方式更高效。依我之见，联邦城市更新计划是一项既投入巨大，又损害个体自由，却又不能实现国会上确定的目标的联邦计划。

这个结论，并不表示我反对“城市规划”。虽然，现如今基本没有规划师能真正规划一个城市，但大多数规划师在城市街区的布局和设计方面扮演着积极作用。在开发商的开发活动中，规划师的作用和建筑师同等重要。正如建筑师设计住房及其周边环境，规划师设计土地利用和整体环境。

本书进行了长达一年多的专家意见征求过程。众多来自哈佛大学、麻省理工大学、哥伦比亚大学、宾夕法尼亚大学的教授们审阅了本书稿。我将本书发现的事实和结论与众多工作在更新计划第一线的人员进行了沟通，如城市更新管理局的专员威廉 · L · 斯莱顿（William L.

Slayton）先生。他们大都赞同本书发现的事实和分析，虽然并不总是赞同我的结论。

大体而言，他们认为分析是不全面的，是只有结论没有推演过程的。虽然他们同意书中的事实和理由陈述，但是他们坚持认为，本书的结论必须依赖更多的事实支撑。“毕竟”，他们中的许多人仍认为，“城市更新是需要开展的，是对市民有益的”。但是，当我追问说“好吧，如果本书在得出城市更新计划是不必要的这一结论时有所欠缺，那么，还有哪些因素我未曾考虑呢，哪些重要因素被我忽视了呢?”。在形形色色的回答中，只有一个回答我仍记忆犹新：“我怎么可能知道。你才是专家，你才是更新计划的研究者。”

大概因为本书的大多数证据都不利于联邦城市更新计划，所以本书的分析是“不全面”的。但依我判断，本书的分析结论就是如此，绝无其他选择性。

本研究的主体部分是我在哈佛大学和麻省理工学院的城市研究联合中心作研究员时完成的。但是，这并不意味着城市研究联合中心或其他联邦政府机构赞同本书的观点和看法。仅我个人对本研究负责，包括书中的假设、事实、测算、观点和结论。

马丁·安德森

纽约市

1964年8月5日

1967 年版前言

自麻省理工学院出版社出版《美国联邦城市更新计划 1949 - 1962 年》以来，我走遍全美，到处演说，包括各个学校、公众集会、专业沙龙和公共政策论坛等。我上了不少电视和电台节目，在国会听证会上作过证词，接到过数以百计的电话和信件，回答了数千个问题。其中，我经常被问及的一个问题是，如果让你对你的研究结论进行再评估，那么你是否仍感到满意。

我的答案是“是的”。据我所知，在已知的评论中，尚未指出我的研究分析中存有任何一处重要错误。过去两年的实际发生情况，加强了而不是淡化了我在最初的发现中得出的结论。现如今，成千上万的人正在流离失所，个人财产权正在被剥夺，成千上万的廉价住房和商业建筑正在被推土机和拆迁从业者的大铁锤所拆毁，纳税人上百亿的钱在为此买单；这一切，都只是为了满足部分个人的使用需求和个体利益。

本该在 1949 年联邦城市更新计划启动之初就该提及，却直到如今才被追问的问题：如此处心积虑地伤害民众的情感，将那些保护自我家园的民众驱离居所，花费纳税人上百亿的钱，只为了实现某一小撮人追求的更精致的城市，是否正当?

这个问题的答案因人而异。对于那些自我道德允许其回答“是的”人，我想问另一个问题：城市是否实现了更新?

这个问题的答案是“不”。联邦城市更新计划从来都是，将来也是，一个彻底的失败计划——除了一点例外：更新计划展现出了可怕的膨胀能力。政府对计划失败的回应是采用扩张政策。关于扩张政策的最新佐证是所谓的“示范城市”计划。但是，在城市更新的范围和规模不断扩大的时候，其基本属性并未发生转变。城市更新计划仍然与本书第一次发表时在本质上是一致的。

在本书中，我提供了一个自由市场下的经济系统作为替代政府计划的可行性方案，并指出，这一方案不会强迫人们搬离住所，不会在不征求住户同意的前提下就夺取了他们的住房、土地和建筑，也不会花费纳税人一分钱。如今，我发现这个替代方案，对大多数人来说，仍然一无所知或是不可理解的，或是因为他们缺乏现代经济理论的相关知识，或是因为他们对资本主义下的自由主义经济充满敌视。但是，我仍坚持反对“积极”的替代方案，对质疑者而言，这常常只是意味着政府计划的另一形式而已。

不应提供任何其他形式的政府计划的原因有两点：第一，关于任何切实有效的替换计划必须是政府计划的假设，只是个似是而非的观点。第二，更为重要的是，联邦城市更新计划，就其自身而言，是个很坏的计划。该计划危害了社会，该计划的彻底中止将会是件大快人心的事，是一种进步。有些人说，在未能采取新的政府行动之前，不应停止坏的计划，这完全是个谬误。事实上，提升现在或未来全美人民生活水平的最有效途径之一，是应尽早在实际操作层面停止联邦城市更新计划。

当然，当联邦城市更新计划停止之后，当地、州、联邦政府可以做许多事来进一步提高住房质量。政府最有力的行动计划，将是在消除那些严重扼杀了今日住房市场繁荣的法律法规上作出努力。

但是，提高住房质量的主要因素是（1）个人收入的增长；（2）住房技术的进步导致住房价格的下降。在我们的经济体系中，政府干预的程度越低，这两点就越能尽快实现。关于为什么这样就可实现住房质量提高的话题，和本书的研究主题偏差太远，这里就不一一细说。我希望，以后能有机会多谈一些。

作为一个有知识的人所能做的最简单的事之一，是对他所使用的关键术语进行定义。现在，许多有知识的人喜欢谈论的一个术语是"公共利益"，并通常伴随着公共产品、共同利益、民意、国家利益、公共福利等术语。

城市更新计划通常被认为属于公共利益的范畴之内。如同其他类似的相关术语，"公共利益"有着准确的使用范围。"公共"指代的是那些组成一个社区、州、联邦的人（所有人）。"利益"指代的是某人的好处或福利。从修辞学上讲，公共利益是指必须是符合全体人的好处或福利。

显然，城市更新并不符合这一定义。在城市更新中，部分人的福利是建立在另一部分人的牺牲基础上。在现今的背景下，如演说家和作家所说，政府正在以公共利益之名，蓄意地、有意识地牺牲某部分人的利益来实现另一部分人的利益增长。

使用诸如公共利益之类抽象措辞的人，有意无意地遮掩了某人利益的获取总是建立在牺牲他人的利益这一基础之上的事实。当然，他们有充足的理由对这一事实进行遮掩：如果他们清晰、直接地申明，为了公民 Y 的福利，公民 X 的权益应被牺牲；因为他认为公民 Y 获取的福利要大于公民 X 遭受的痛苦。那么，他和他的主张还能走得远吗？

我有幸与许多城市正在试图开展城市更新活动的社区领袖交谈过。在交谈中，我特别希望找出为什么有些人强烈倡议城市更新计划的原因，而且，在他们非正式的陈述中，我惊异地发现了一个共同的主题。他们对拟划定为城市更新地区的穷人们的生活并不太关心，他们也甚少关心私人投资资金的收益，他们甚至也不是太关心能否从华盛顿拿到（来自其他纳税人的）大笔资金，他们只是关心权力。

一次又一次——从银行家、政治家、报纸编辑、商人，甚至宗教领袖那里——我听到的是诸如此类的陈述："好吧，我曾试图购买市里某个片区的不动产，但是有些产权所有人却并不愿以合理的价格出售。所以，必须让那部分人以'公平'的价格出售他的不动产。他以为他是谁，竟妄图挡在整个城市的发展道路之前？"；"我们需要超过一个街区以上的用地来做一些有意义的事情。我们不能像傻子一样在这里买块地，那里买块地。此外，有些老人对陪伴家人多年的老房子看得很重。我们没时间等他死去。我们需要**征用权这个工具**。"

简要地说，这些“社区领袖”在陈述，为了达成他们无法通过劝说只能通过强力达成的要求时，他们转而向国家的暴力机关求助时并不会受到良心的谴责。如果他们无法劝说一个老人售出他的房产，那么他们就让他出售，让强有力的警察来支持他们的要求。正如同某家大报纸的某位面目可憎的编辑曾写道：“我们想要达成这个美好的愿景，为此付出怎样的代价都在所不惜。”

城市更新的基石是征用权。为了某些人的福利，运用征用权，强行或以暴力为后盾征用私人财产。那些鼓吹、支持、执行城市更新计划的人中，有多少能凭借着个人能力最终实现他们的行动计划；有多少能在老人的反抗和哭号中，冷酷地将老人驱离出他们的住所？

我们还应问些其他问题。当一个商人被告知，他的活动必须为另一些人的商务活动让路时，他将怎样看待公正？当黑人发现，三分之二以上被驱离的人是黑人时，他将怎样看待公正？当贫民窟的穷人被赶出他们的家园，并告知他们只能遵守法律而不得采取闹事行为时，他将怎样看待公正？也许，在改善贫民窟内穷人的生活境况时，我们能做到的一小步就是停止拿走他们那原本就少得可怜的拥有物。

在城市更新引发的问题中，有许多重要的问题。但是，其中最为重要也最为简单的一点是：当地政府必然强行征收私人财产——住房、土地、商务活动——为了将这些东西转变为另一些人的个人所有。接受或反对这个原则，将决定城市更新的命运。如果没有征用权的支持，当地政府将无权强行让人们交出他们的住房、土地和商铺。

如果当地市民并不清楚，为了某部分的私人利益，另一部分人就将遭受牺牲的话——或者，更糟的是，他们允许这类行为发生——那么，城市更新将会蔓延。如果他们认清了这将会导致什么，并且禁止这类行为，并采取相关行动来捍卫他们的信念，那么城市更新就会终止。

如果你曾被驱离你的家，如果你的财产曾被剥夺，如果你的商务活动曾被破坏——那么，你所知道的肯定比任何一本书、一篇文章、一次演说中所讲的都要清楚。你知道，城市更新计划是多么野蛮、不公。但是，你，还有上百万处于相同境况的人，在纠正这种不公面前，似乎无能为力。

如果你正在被所谓的“更新”前景威胁，那么，你已有很好的机会来保护自己——如果你愿意花费一些时间去了解更新计划的真相，如果你有勇气在公众面前说出你认为什么是正确的。你的弹药是，你已经掌握了更新计划是如何运作的、更新计划的实效如何等方面的知识。你的武器是，你可以通过任何一种形式将这一知识告知给社区里的其他人。

从我和全美各地众多人士的交谈中，我确信，大多数人士反对采取行动来促使取消城市的更新。但是，直至今日，极少部分人真正了解正在发生些什么。一些能说会道的人士——绝口不提任何关于暴力行为在城市更新是必然存在的——把城市更新描绘成一个拯救城市未来的行动。

纵观城市更新那无处不在，极富煽动力的宣传，很容易理解，为什么那些事务众多、有影响力的人士虽然轻易就能核实事实真相却仍然接受了城市更新的“价值表象”。他们中许多人士甚至公开承认，他们已经对城市更新计划产生了怀疑，但是他们仍然犹豫着是否要承认自己之前的观点是错误的。限于当时当地的有限信息，作出错误的判断是可以理解的。在新信息面前承认过去的过错，这并不能说明这个人的品行有问题。但是，如果知道自己犯了错却仍坚持错误，那么，这人的品行就真的存在问题。

当民众广泛认知到城市更新的本质时，城市更新的道路也就到头了。正如美国最大的城市更新项目的负责人所说：城市更新只害怕公众的眼睛。

如今，许多人认为，与市政厅在城市更新之类大事上抗争是无效的。城市更新的倡议者们多么希望，大多数人能继续这么想。城市更新项目的启动，主要是由当地政府在运作。除非反对意见大到能影响到国会议员那一刻，否则，阻止城市更新唯一可行的办法就只能出现在地方层面。在过去的四五年，许多社区拒绝开展城市更新。但是，这需要至少一个人能先公开站出来反对它，社区才可能拒绝开展城市更新。

举个最近的例子，1966 年 4 月 12 日，在沃思堡市（Fort Worth）举行了关于城市更新的全民投票。沃思堡市的规模在全美排名 34 位，也许是至今为止，直接通过投票表决是否开展城市更新的最大城市。沃思堡市的绝大多数城市领袖都坚持城市更新运动。

如果有些东西能被称为权威，那么城市更新绝对可称为绝对权威。因为市长、所有的城市委员（一人除外）、商会、报纸都赞同开展城市更新。大开发商已经入驻，并声称如果市民不同意城市更新，那么他们将抛弃沃思堡市。为了开展城市更新，专项委员会成立了，成千上万的美元投进去了。

几乎对所有人而言，城市更新的启动已成定论，但是，有一小群人仍顽强想要和城市更新相抗争。以当地的别克汽车经销商为主的市民，自主成立了一个维护不动产权益的公民组织。他们确信开展城市更新是个错误，并要将他们的观点告之与众。

首先，他们尽可能多地掌握了关于城市更新的知识——相关法律规定，运作流程，哪些人丧失了他们的家园和商务活动，资金总投入是多少，资金又从哪里来等。然后他们开始了他们的启蒙性竞选运动。

他们成立了一个非正式的演说团队，参加当地各类集会、大型社团聚会、商业午宴，在这些活动中宣讲关于城市更新的事实，并回答提问。

他们编纂了投票人名册。他们撰写宣传信，复印各类与城市更新相关的文章，并把宣传信与文章寄给投票人。

他们录制短消息，在电台的特定时间段播出；他们制作报纸小广告，在当地报纸刊登。

他们参加城市更新会议，并在会上提问；他们联系市参议员，写信给市长和报纸编辑们。

他们打电话给他们的朋友，他们接受志愿者的帮助和捐款，他们访问周边的市镇，与曾经历过城市更新的人座谈，掌握关于城市更新的第一手资料。他们回去后，再复述给其他人。

投票日是星期二。在投票日前，他们邀请我从纽约飞往沃思堡市，参加投票日之前的公众聚会（星期五）。有 400 位市民参加了会议。我离开前，为他们录制了半个小时的电视演讲。这时，已经有足够多的人开始关注他们的竞选运动，购买星期日和星期一晚上时长半小时的电视时间的时机已经足够充分。

我是星期六离开沃思堡市的。当时，形成的共识是，关于城市更新的宣传活动是如此的铺天盖地，城市更新将不可避免地出现在这个城市。在星期六市长宣布由专业机构所做的民意测试结果时，这一预感得到了证实。民意测试很肯定地认为，城市更新将以较大的优势获胜——除非投票人数很多。

星期二晚上，主持城市竞选活动的官员们评论说，参加投票的选民会很多。城市秘书长预测，参加投票的人数将达到 24000 人。

但是，星期二在沃思堡市发生的事情，出现所有人的意料。

星期三上午的检票结果表明，有47545人参加了投票。其中38397人（超过80%）反对开展城市更新。这表明，总投票人数达成了预期的二倍之多，以4∶1的明显优势，城市更新提案被推翻。在任何一个选区，开展城市更新的提案都被否决。这是一场完胜，一场由自助的业余人士对抗高度组织的精英团体的胜利。

我，或许参加竞选活动的每一个人，都有些惊讶，虽然我们本不应惊讶。因为只要让美国民众了解到真相，美国民众绝对是如此充满智慧和思想的。

如果说，世上有什么东西是城市更新倡议者所深深恐怖的，那一定是地方上有组织有策划的反城市更新运动的爆发。地方公民投票被证明是迄今为止最为成功的反城市更新途径，这也许是因为地方公民投票引发了全市市民的公开大讨论。不幸的是，有些地方公民投票仍不可行，那就意味着市民只能依赖于民选的政府官员。幸运的是，国会正在制定一项关于开展任何一项城市更新项目之前都必须进行公民投票的法案。

自然，也完全有可能投票的大多数赞同牺牲少数人的利益，但是即便投票通过了也并不能说明城市更新计划是正当的。在全美层面停止城市更新计划之前，公民投票仍是值得一试的反城市更新武器。

城市更新倡议者常用的伎俩是，他们断言城市更新是“必然发生的”；城市唯一能做的是如何在城市更新中实现最大最多数人的利益。这是双重的谬误——首先，他们的断言并不正确；其次，是因为他们所默许的行为准则才促成了城市更新。

据我所知，城市更新至少已被70个市镇所拒绝；毫无疑问，越来越多的市镇将对城市更新说不。城市更新计划倡议者最害怕的就是公众从行为准则上反对更新计划。如同任何狡猾的骗子一样，他们知道，如果你允许将某个个体驱离家园，允许剥夺某个个体的家园和土地，允许强行关闭某个个体的商务活动；那么，他们就可以放心大胆，把你所默认的行为准则，在更大更广的范围上运用。

一旦你在原则上同意以拯救社区的名义去侵害个体利益，在与城市更新的抗争中，你就已经输了，你就已经无法对以城市更新的名义实施的任何行动进行有效抗争。而且，你的立场逻辑必然将涉及更多的人、更多的家庭、更多的商务活动。那时，你唯一所能做的只有承认自己原先的立场是错误的。遗憾的是，绝大多数人，特别是那些在公开场合承认城市更新合法的人，并不愿收回他们原先的错误。

但是，对于那些从未放弃过原则的人、那些愿意重新思考他们立场的人而言，成功反对当地城市更新项目的几率是非常大的。事实上，目前所开展的任何一个城市更新项目，都是在当地市民对城市更新缺乏必要了解的情况下发生的。当时，市民们只是依稀知道城市更新项目将拆除丑陋的旧建筑，建造新建筑。当时，市民们忙于他们自身事务，因而纵容了城市更新项目的开展。

迄今为止，我仍然只是假定城市更新是“善意的行为”，并且很少质疑他们的动机和道德。我接受他们的相关说辞：他们真心关注人民，他们的本意在于改善穷人的生活水平，他们没有预见到城市更新过程中会产生的不幸和悲剧。

但是，自更新计划开展以来，城市更新项目已经实施了17年，任何一个与城市更新出现过交集的人都已清楚城市更新是如何运作的。关于城市更新的借口已越来越经不起推敲。那看似最为真挚的说辞也已不再拥有诱惑力。关于城市更新是否正确的争论越来越激烈。渐渐地，我发现，我对城市更新的批判开始得到回应："城市更新计划从未说过要改善贫民窟的住房质量——城市更新的真正目的只是再造城市。以正在发生的事情，对于我们进行诘难是不公正的。"当追问他们，对那些被拆迁民众正在遭受的痛苦作何解释时，他们或是选择逃避，或是如是反诘："你应该明白，有些人总是要被牺牲的，这是游戏规则。"

事实上，城市更新倡议者中的任何一个聪明的精英分子，都是有意将伤害强加在那些无辜的人身上的。绝大多数的受害者是黑人、穷人，他们被牺牲只是为了满足城市更新倡议者能享受到崭新的砖块、绿草地、闪光的玻璃所带来的愉悦而已。城市更新倡议者们会虚伪地辩称，他们并不想伤害任何人，他们一直都在尽力减轻城市更新过程中的痛苦，他们希望他们能想出更好的办法——但是，他们还是在坚持实施城市更新。

现如今，关于城市更新的知识已足够多了，倡议者们很清楚他们正在做什么，而且，我们应该根据他们的实际行为来判断他们宣称的价值表象。也许，用句古谚语来形容是很合适的：动机决定行为，行为反映动机。

越来越多的人开始关注城市更新项目的结果如何，并且，越来越多的人开始站出来反对城市更新。4 月 14 日，1966 名美国民权委员会的成员对俄亥俄州的克利夫兰市进行了调研。他们指控城市更新和其他联邦计划是导致霍夫（Hough）地区衰退和出现悲观情绪的主要原因。凑巧的是，随后霍夫地区发生了严重的社会骚乱。

民权委员会中的知名成员、圣母院大学的校长列夫·西奥多·赫斯伯格（Rev. Theodore Hesburgh）谴责城市更新是非道德的，他引用了《纽约时报》* 的评论："在以城市更新计划推动城市重建的过程中，生活在最底层的人们眼睁睁地看着他们的住房被推土机强行拆除。城市更新计划彻头彻尾是非道德的。"（下划线上文字系作者明示）

城市更新是个庞大的计划，也许很难精确理解这一计划对个人生活的影响。为此，我特地从自本书出版以来我所收到的上百封书信中选取一封信加以佐证更新计划对个体的影响。以下是这封写给约翰逊总统的信的副本内容：

亲爱的约翰逊总统：

联邦政府似乎一直都在美国这一伟大国度的领土上坚定地捍卫着美国民众的个人尊严和人权。可是，在非道德的征用权面前，一个个体产权人，却在被伤害，甚至被毁灭，只因为他的房子不想被城市更新。在这里，我何曾听到尊严和人权?!

我是一个学校教师，和 92 岁的老父亲生活在一起。父亲在 2 月 25 日度过了其 92 岁生日。自他伤残后，他经受坏损的臀部的侵扰已经长达两年零九个月，而且因为青光眼，他的视力很差……在我工作时，我仍需看护他。这是因为，我所能提供他治疗所需的唯一可能，仅仅只是我们自己的家……自在干净的家。

---

* 《纽约时报》1966 年 4 月 5 日

现在，市政府想要征用父亲已住了超过40年以上的住房。或说，是大学想要。并且，以征用权的名义，大学正要向我们强制索取。自从城市更新计划出台以来的这五年间，我怀疑我是生活在苏联，而不是美国。在上班地点和家里，我一直被电话骚扰和恐吓，被市政厅的法院传唤威胁。这一切，都只是因为我拒绝承认那些人的正当性，那些人想要威胁我父亲用其一生的勤勉所维系的家。现在，父亲成为了这一切的受害者。曾一度，我的律师，想尽一切方法，只为了避免市政厅派遣警察强行将我从学校押解到法院……

除了市政厅过去五年以来施加的这些侵扰和迫害之外，我们不得不忍受噪声，在拆除我家对面的6—8栋住房过程时产生的灰尘，而且，伴随着拆迁活动，我们还不断遭受来自流氓和黑社会人员的恐吓、威胁。现在，在已拆除的住房上，大学的一个停车场已经建成。我们同样需忍受这个。虽然，现在我们暂时脱离了噪声、脏乱差的困扰，以及对拆除重建的困惑。但是，市政厅对我们的骚扰和迫害又重新开始了。在我从单位行驶回家的路上，我定期被盯梢者跟踪，盯梢者还要求进入我的家门。现在，我还能够将他们拒之门外。所谓的“搬迁顾问”的油印通知书塞满了我家的前门，要求我打这儿或那儿的电话等。

现在，请问，总统先生，我该怎么办？作为一个工作数十年的老教师，一个大学毕业生，大学优等生荣誉证获得者（从你最近的任命情况来看，似乎你极为重视这些证），耶鲁大学的一年制硕士，需要所谓的“搬迁顾问”？仅仅因为，从你的标准而言，我是贫穷的，但这不等于我是个白痴。另外，我也并不感激，上述的市政厅官员们施加在我们身上的侮辱，以及想要用1.25万美元将一个老人驱离他的房子里，毁坏他女儿的生活方式，并以此来证明他们的正当性。

我只需要我的权利，我信奉的尊严。

1965年3月28日

如果我们真正关注个体的平和，摆在我们面前的主要问题是如何帮助一个备受城市更新伤害的人，而不是试图寻找一个减轻痛苦的方法……该是作出决定的时候了。

所有其他的问题，比如——如何让产权人和小商业从业者参与到所谓的更新地区？被搬迁的人是否应获得更高的联邦补偿？在强制搬迁的过程中如何将痛苦降低到最低？——这些问题都是在假定城市更新是合理的情况下产生的，即假定强制搬迁的主张是正当的基础之上。

任何人，只要他赞同城市更新项目，那么，在同一时间，他必然也赞同了：

- 将数百万人驱离住所；
- 为了某些人的私人使用需求，可以夺取另一些人的私人财产；
- 拆除数十万栋低租金住房；
- 投入上百亿纳税人的钱。

这样的计划绝非符合逻辑，绝非可操作的，也绝非符合道德。任何危害生命、自由或他人财产权的政府计划，都不应存在。在满足所谓的艺术愉悦或者某些有钱有权或高学历的精英们的个体利益的过程中，不管是谁都不应被牺牲掉。

马丁·安德森

1966年12月25日

纽约市

目　录

第 1 章　导言：作为联邦法令的城市更新

许多人顽强地行走在他们所选择的道路上，
但只是少数人能真正达到目标。

尼采

在过去的 15 年间，生活在美国城市的成千上万家庭和个人曾收到过类似的通告：

你的住房位于政府行政中心项目的选址范围内，波士顿再开发委员会将依法予以征用。根据新制订的土地整备和再开发规划，本地区的所有家庭需要再重新安置，所有住房需要拆除，用地平整后，将按公共和商业用地出让给开发商。[1]

上述通告的表述方式在各个城市可能各有差异，但表达的意思是一样的：你所居住的公寓或私人住房将被政府征收并拆除。政府要将清理干净的土地出售给他人用作私人开发。请马上搬离。而这只是近年来规模不断扩张的联邦城市更新计划众多环节中的一环而已。联邦城市更新计划，一个被少数人非议、被大多数人肯定，却很少有人理解的计划。

1949 年，国会通过了联邦城市更新计划。15 年后的今天，上百城市，上百万市民，数十亿美元都已卷入到这个庞大的计划中。政府领导在大力称赞更新计划，媒体热情地鼓吹更新计划的大胆和卓越成效，大多数民众认为城市更新是好的、必要的。可是，不少迹象却显示，更新计划并没有达成国会的既定目标。甚至，经过十多年的实践，更新计划根本未产生任何重大的效益。

联邦城市更新计划，试图在自由市场运行体系中引入政府力量以及投入大量公共财政的方式再造美国城市的中心区。简而言之，更新计划的运作流程如下：划定城市更新地区—编制规划—邦更新管理局、地方更新机构批准规划—公众听—地方更新机构批准更新项目—更新机构以用权之名或强制或劝说业主出售房屋。征用权是指，为了公共利益，州政府有权在未经私人同意的情况下对私人财产进行处置的权力。不过，州政府必须对业主进行赔偿。

自城市政府征地开始，城市更新计划就进入实际运作阶段：生活在城市更新地区的人们将自愿或被迫离开生活的家园。原有的建筑将被拆除，建筑垃圾将被清走，新的街道、路灯及其他配套公共设施将得以提供；平整后的土地将通过竞争性招标或谈判的方式出售给私人开发商，最后，按照城市官员所批准的建筑类型和设计要求，在原先的社区上将耸立起新建筑。一般而言，私人开发商支付土地的价格约是政府收购、清理、改善土地所花费成本的 30% 左右。

另外的70%由联邦政府以津贴的方式直接资助地方城市。更新项目一般由华盛顿负责提供大多数的资金和指导，由本地政府官员负责实际执行。

联邦城市更新计划，通过摧毁旧建筑建造新建筑的方式，允许那些实际负责项目执行的政府官员改变社区的面貌。通常，政府官员认为城市所需要的、体现了城市公共利益的新建筑是高租金公寓等建筑。

联邦城市更新计划，在最近几年出现了快速的扩张。在计划实施的最初几年，因为涉及的人和城市很少，所以很少有人关注它。但现在的情形已不同于往日。如今联邦城市更新计划已发展为一个庞然大物，在美国任何一个重要城市里都能看到更新计划的影子。

城市更新管理局专员威廉·L·斯莱顿言道："截至1964年7月，更新计划将涉及750个城市的1560个更新项目"……在最近的一次演说中，斯莱顿说道："在过去的两年间，我们（城市更新管理局）批准了432个更新计划，这等于1940—1960年期间所批项目数的一半左右"[2]

联邦城市更新计划，由那些关心城市住房外表形态的人最先发起。这并不是什么新的观点，自城市存在以来就一直存在类似的呼声。通常而言，这类人认为，在缺乏政府资助和指导的前提下，私人团体不可能在一个相对短暂的时间内，将住房质量提高到他们所期待的程度。

1949年，这些人的呼声得到了国会的回应，国会认为私人团体在住房领域的努力是缺乏效率的，联邦政府必须介入其中，推动住房领域的改善。为此，联邦在1949年的住房法中确立了联邦城市更新计划。更新计划的首要目标包括：

1. 通过清除贫民窟和衰退地区，消灭不合格的或不符合标准的住房；
2. 刺激住房建设和社区发展，缓解住房短缺现象；
3. 实现人人有体面的住房和舒适的生活环境的目标。

在国会设定的目标之下隐含着两个假设：第一个假设是，在美国城市中存在着大量的不合格的住房，需要通过摧毁贫民窟或贫民窟再生的方式拆除。第二个假设是，在美国城市中普遍存在着住房短缺的现象，需要而且只能通过政府刺激住房建设和社区发展来实现。换句话说，国会认为，美国城市存在着住房短缺，而且现有的住房很多不合格。国会对此的答复是，让我们拆除或再生不合格的住房，并刺激私人团体建设足够多的符合标准的新住房以弥补住房短缺。但是，当国会在说及住房不合格以及住房短缺时，到底是什么意思呢？从字面意思上来看，住房短缺指住房的需求大于住房的供给。更普通的说话就是，人们愿意支付的价钱无法买到其希望买到的住房。在这里，我们有必要区分这两种不同的情景：第一种情景是能加以缓解的，但第二种却不能。不合格的住房是指低标准低配置的住房，这可能是因为人们的收入无法承担更好的住房，或因为人们只愿意在住房上花费一小部分，而将收入的大多数花费在其他方面。

很少有人会质疑城市更新的目标。消除贫民窟、更好的住房、更美的社区——所有这些都是需要的。但是，关于用以实现这些目标的手段却存在着很大的争议。首先，联邦城市更新计划是否合理？联邦政府是否应该使用纳税人的钱和公共优先权来驱散居住在城市衰败地区的市民；摧毁他们所生活的住房，并且按照艺术的、社会学的、经济学的标准来进行重建。部分个体的物权是否该被牺牲，只是为了能让政府占用他们的土地，将他们的土地出售给那些进行“更高更好”的土地利用和开发的私人开发商，在1949年，国会对这些问题的回答是异常明确肯定的。因此，联邦城市更新计划得以实施。

从那时起，国会采取了两类不同手段用来解决城市和住房中存在的问题以实现国会确认的目标。第一类是以市场相互竞争为原则的私人团体力量；第二类是以住房和城市规划专家为指导、政府审批的联邦城市更新计划。本书的目的主要是通过近距离的分析联邦城市更新计划的运行，并将其实施效果与私人团体的实施效果进行对比。

我们应该特别关注政府和私人团体这两种不同的手段所采取的方式及其达成的效果。基本而言，私人团体依赖于市场的自然趋势，反映了千千万万国民的不同需求。而政府更新计划主要依赖于政府机构和公共财政，反映的是规划师和政府官员的需求。我们应该检查、比较这两种不同方式的效果如何。

除非我们对联邦城市更新计划的主要结果一清二楚，我们知道为达成这些结果花费了多少成本，否则我们无法判断更新计划是否合理；直至今日，一段相对长的时间已经过去，更新计划的大趋势已是清晰明了。我们已是可能回答下列问题：这项计划已投入的资金，耗费的自由、时间、精力成本，又是哪些成果？这项计划是否缓和或加重了原有问题？在此期间，私人团体又都完成了哪些成果？

我们无法知道这段时期美国的住房质量有多大的改善，但这是整个联邦城市更新计划的核心所在。当前普遍的认知是，美国的住房质量正在逐年下降。即使是城市领域的专家也间接暗示，在1950—1960年间，美国住房质量正在不断恶化，尤其是在大城市。例如，沃尔特·H·布卢彻（Walter H. Blucher）在其1960出版的某本关于城市再开发的书中指出：

贫民窟和城市衰退地区的蔓延速度远甚于其被摧毁的速度，而且，看似竟没有人对此结果感到沮丧。[3]

这样的论断并不正确。对1950—1960年的客观的、持续的研究证明，这期间美国的住房质量获得了有史以来最大的提升，尤其是在城市地区。我们在书中会看到，对这些问题进行全面的考量结果是：美国住房质量——更新计划的基础目标——在此期间发生了翻天覆地的变化。更新计划试图解决的住房问题，已经有了实质性的改善。但是，这主要是独立于联邦城市更新计划之外的私人团体所取得的成效。

也许，关于联邦城市更新计划的最广泛的认知是，在解决中低收入人群的住房问题方面，其作出了卓越的贡献。但这样的认知是错误的。因为这错误的认知，使得联邦更新计划得以继续并不断扩大。事实上，联邦更新计划使得城市中低收入人群更加难以找到安身立命的住房，使得寻找合适住房最为困难的人境况更加雪上加霜，因为更新计划所摧毁的中低收入人群住房数量远远多于其所新建的中低收入人群住房。

城市更新能缓和住房问题的认知是建立在将联邦城市更新计划视同于另一种形式的低收入人群公共住房这一认知基础之上的，但这样的联系是错误的。因为在城市更新地区，只有非常小的比例是用于建设公共住房的。绝大多数新建的建筑是为高收入人群服务的高层公寓。公共住房计划和联邦城市更新计划是两个完全不同的计划。如果我们将这两个独立的联邦计划进行比较的话，我们会发现，这两个计划有完全不同的目标，具有的权力大小也完全不一样，由两个完全不同的联邦政府在负责，并且，公共住房计划和联邦城市更新计划相互交叉的可能性非常少。

公众经常一厢情愿的认为，那些被迫搬离住所的人们会得到政府极好的照顾。他们会搬进更好的社区，住进更好的住房；而且，为了更为美好的前景，他们总是非常乐意搬离原先居住的社区。但事实是，少数私人机构已经对这类认知进行挑战。他们认为，许多被迫搬离住所的人，搬进了同等或更差的社区，住同等或更差的住房。另外，他们通常支付比以前更昂贵的租金。虽然，政府的统计数据却显示的是一幅美好的图景。所以，当前对这些认知的全面清晰的结论尚不可得，但是，有一些迹象却似乎表明私人机构的观点更值得信赖。

联邦城市更新计划也带有非常强烈的种族色彩。约三分之二被迫搬离住所的人，是黑人、波多黎各人或其他少数民族。因为种族歧视，他们想要找到新的住房总是非常困难。联邦城市更新计划甚至被人戏称为“驱赶黑人”计划。又因为被驱离的人大多属于低收入群体，他们只能在有限的低租金地区寻找合适的住房或公寓。绝大多数涉及联邦城市更新计划的人是低收入群体和少数民族，因为种种原因，他们无法反抗强加在他们身上的不公正待遇，捍卫他们的正当权利。

截至 1963 年 3 月，超过 60.9 万人被迫打好包裹离开他们的住所。虽然在有些案例中，因为激烈的抵抗导致了城市更新项目的停滞。但大多数人只是沉默地离开了，没有采取过激行为来表示他们的愤怒。事实上，当前大多数人仍期待着更新计划的来临。但是，这份冷漠和期待是否会在将来持续下去。反抗行为的激烈程度似乎和被驱离人群的个人能力、教育水平及收入息息相关。有学识能理解城市更新将带给他们变化的人，有能力和金钱能支撑他们去抗争的人，常常会激烈地反抗更新项目。

与全美的人口相比，目前联邦城市更新计划所涉及的人数只占很小的比例。但是绝对数量却很大。如果更新计划继续扩展下去，那么，更新计划所涉及人数超过百万的日子马上就会来临。从人口的绝对数量而言，联邦城市更新计划绝对是一个宏大的计划，这就意味着，联邦城市更新计划是个会对过百万人带来严重影响的重大计划。

更新计划启动的基本前提以及维系其思想高点的基本假设是，城市更新消除贫民窟，阻碍城市萧条的蔓延，实现城市的再生。但是，真实的情况是联邦城市更新计划只是将贫民窟从城市的某个地区转移到另一个地区。所以，联邦计划实际上反而鼓励了贫民窟和萧条地区的蔓延。从城市更新地区搬走的人们，并没有从更新计划中获得多少帮助。有些人获得了一些搬迁费和如何找寻新住所的建议。但在他们搬走之后，他们的收入、社会属性、肤色仍然还是保持原样。唯一的差别是，现在他们住在城市的另一个角落。

城市更新项目是一项耗时长久的项目，伴随着令人沮丧的时间成本。从报纸开始宣传大胆的更新计划开始，到砌上最后一栋新建筑上最后的那块砖头为止，往往需要花费 10 年或更长久的时间。时间的延长拖后会造成严重的后果，因为城市转型成功依赖于城市更新项目。城市更新计划启动时那本就摇摇欲坠的理由，随着项目完工时间的遥遥无期，愈加令人难以信服。

促使政治家同意启动城市更新项目的最具诱惑的理由之一是更新项目能增加税收。夹在花掉纳税人的钱的冲动和对纳税人征税时的不愉快之间，政治家们很快被城市更新会增加财政税收这一美好的前景所吸引。乍眼一看，新建筑似乎比旧建筑将会产生更多的财政税收是合乎逻辑的。但是，事实可能是另一回事。可能（因为没人能肯定）联邦城市更新计划反而使城市财政税收缩水了。相关指标显示，城市更新能促进城市财政收入增加的可能性非常小，即使有，增长量也是微乎其微。

其原因之一是，即使联邦城市更新计划没有实施，城市更新地区的相当比例的新建筑（一些专家估计约为50%—75%）仍会建设在城市的其他地区。但通常，人们并不倾向于相信真相。他们会以为，如果没有联邦城市更新计划，那么，就没有这些新建筑。

一个类似的观点是，一些更新计划的支持者鼓吹，城市更新在美国经济中扮演着重要的角色，尤其是在美国的城市经济中。但事实是，联邦城市更新计划在美国经济中的作用完全是微不足道的。在1950—1960 年期间，联邦城市更新计划只占了美国固定投资比重的 0. 17%。在城市经济中的比重虽然要高一些，但也只占了城市固定投资比重的 1. 3% 左右。

也有种观点认为，如果国家安全经费大幅削减，那么联邦城市更新计划将是吸纳美国经济中过剩的生产性资源的不错选择。虽然国防经费削减将对美国经济产生非常复杂的影响，但是，如果说更新计划对此有所帮助却是毫无根据的。为了分析将过剩资源投入城市更新中是否是值得建议的行动，我们有必要检查以下两个观点：

1. 政府是否应该将大规模私人工业中的资源转移到按另一种系统运作的不同行业中。

2. 发明了“北极星号”潜艇和原子弹的技术、资金和脑力是否适合用来建造房屋、公寓，以及其他建设活动。

上述开展更新计划的理由陈述，更多的是建立在美好愿望，而不是理性分析的基础上。

谁在为城市更新买单？根据政府的公告，城市更新的绝大多数资金来源于私人资本。政府自豪地宣称，政府每投入 1 美元，就能带动 4 美元的民间资本投入。[4] 对其深入分析表明，政府的公告并不真实。实际上，政府以赠予或贷款的形式提供了大部分的资金。本书中的图表分析显示，政府以担保或长期贷款的形式所投入的每 1 美元只能带动私人投资者 1 美元的投资，而不是宣称中的 4 美元。

关于资金的问题总是充满着层层疑云令人困惑不解，这主要是因为城市更新地区的大多数新建筑都是私人所有的。而这通常会让人产生错觉，以为新建设也是由私人出资的。但在大多数情况下，这样的认识是错误的。城市更新地区约 35% 的私人新建筑是由联邦国家信托合作社——这一联邦政府的机构所出资的。所以，纳税人的钱占据了私人新建筑开支中的大头。即新建设中的很大一部分开支来自于政府，而不是私人。

有意思的是，也许有人会认为，参与城市更新地区运作的私人开发商能获得非常可观的利润。毕竟，政府将征收的大量土地以低价卖给私人开发商，而且还为开发商们提供长期低息贷款。但是，实情却是另一回事。几乎所有的大型私人开发商都没有获得多少利润。一些原先想在城市更新计划中牟利的私人开发商，早已心灰意冷并早早离场了。我们将会在书的后续部分展开讨论相关的原因。

随着城市更新计划的推进，项目的进展很快开始偏离人们的预料。城市衰退地区的大规模拆除工作及城市衰退地区原住民的搬迁工作，很快开始困扰人们。部分原因在于实施住房修缮计划的呼声不断高涨。住房修缮，在理论上，是指对住所和社区的修葺一新以使人们可以更好地生活在其中。许多人认为，住房修缮是比城市再开发更为重要的。他们认为，在住房修缮中，人们不会被迫搬离住所，整个计划的花费也会节省很多，项目也相对更容易完成。不幸的是，这样的认知也是错误的。随着住房修缮计划的扩张（同时，城市再开发项目也在不断扩张），人们很快意识到，住房修缮和城市再开发产生的结果相差无几。人们仍然被迫搬离住所，因为他们没有足够的资金进行修缮或他们不愿花费大量的资金进行修缮。相对大量的公共财政仍需要投入其中，项目的管理程序仍是非常复杂和耗时的。而且，人们普遍对城市修缮地区将会出现重大转变持有怀疑态度。

尽管联邦城市更新计划在推进过程中问题不断，但是，除了极少数地区，人们对更新计划的接受程度却越来越高。自 1949 年以来，更新计划一直在快速扩张。

政府官员对更新计划赞不绝口。肯尼迪总统在国会上（1961 年 3 月）上宣称，“我们正在创造我们的社区，我们的国家有机会、有责任重塑我们的城市，改善我们的社区发展模式，为所有国民提供住房。”在美国大城市，关于城市更新活动的报道随处可见。如大标题“城市更新，放缓城市衰退的唯一出路”；“轰鸣着的联邦推土机”；“与衰退作战到底”；“强烈谴责市议会推行更新计划”；“面对城市更新，如何保护自我权益”；“你的住所如何被侵占”，“城市更新，城市的新金矿”等。

虽然，存在着不少关于联邦城市更新计划的反对声音，但大多政治家仍然将更新计划作为其主要的参选宣言。可能是因为基本没有人真正完全清楚城市更新的后果，人民对城市更新的了解仍只是停留在更新之前单调萧条的贫民窟以及更新之后明亮崭新的新建筑之间肤浅的对比上。事实上，更新计划到底做了些什么，民众对此所知寥寥无几。也许，政治家将民众对更新计划的漠视错解为民众对更新计划广泛的赞同。请相信这点，政治家能做到立马就赞同那些在城市更新中获益的群体所提出的任何有利于城市更新计划的言论。这样的日子还会持续多久，取决于更新计划在未来的表现，以及人们还需多久才能清楚更新计划的成本和后果。

多年来，联邦城市更新计划的合宪性曾多次在法庭上进行过争辩。辩论的核心主要是更新计划是否侵犯了个人财产权。然后，在 1954 年的最高法院中，联邦城市更新计划被宣判为合宪。最高法院宣称，原先只能为了公共用途才能征收私人财产的征用权，可以被运用到联邦城市更新计划中。以更新计划之名，政府能从私人手中征收其财产，并将其售卖给其他私人团体以用作私人用途。

这一判决所产生的深远影响远超大多数人的想象，因为这一判决变革性地颠覆了美国关于私人财产权的传统概念。如今，私人财产权能被政府征收，并能以私人用途转卖给其他私人团体。而在传统的征用权下，私人财产权只能因为公共用途被政府征收；虽然，在这两种情况下都必须有相应的金钱赔偿。在后面的章节中，我们将深入分析促使最高法院作出这一判决的一系列事件。

从表面上看，一个执行得很好的城市更新项目可能为城市所带来的收益（新建筑）很重要。但是，我们必须清醒地认识到，所谓的收益是潜在的、未来的，并且这种收益是以投入大量的成本为代价的。在研究联邦城市更新计划时，必须对其成本和收益进行分析，而不应只是分析更新计划想要达成的目标。城市更新计划的拥护者们明白他们只关注于更新计划的可能收益，而忽视了为达到收益所需花费的成本以及过程中产生的后果。事实上，更新计划的成本和后果是被严重忽视的。

注释

[1] First paragraph of an informational statement dated October 25, 1961, that was sent to people living in an area of Boston, Massachusetts, slated for renewal.

[2] *Business Week*, December 7, 1963, p. 64.

[3] Dyckman, John W., and Isaacs, Reginald R., *Capital Requirements for Urban Development and Renewal*, New York, McGraw-Hill Book Co. Inc., 1961, p. xix.

[4] Before the Subcommittee on Housing of the Committee on Banking and Currency in the House of Representatives on November 21, 1963, William L. Slayton, Commissioner of the Urban Renewal Administration revised this estimate upward. He stated that, as of June 30, 1963, nearly $6 of private funds are invested for each $1 of Federal capital grant.

第2章　联邦城市更新计划的运作

大地上的所有城市终将耸立，不因人们的意志而改变。

兰多尔（Landor）

任一美国城市的结构形式都是在一个漫长时间跨度内在亿万美国人的个体决策中形成的。其中，有些决定是下意识的行为，有些是经过了数月或数年的研究、论证和规划。考虑到有多少人牵涉其中，有多少决策贯彻其中，有多少时间花费其中，无疑，我们需要对塑造了我们的城市的整个过程致以崇高的敬意。

联邦城市更新计划，普遍被认为，是关于城市再建、再造的宏观行为——虽然，更新计划仍局限在城市的小范围内。如果将整个联邦城市更新管理局和地方城市更新机构的办事人员数，与建设一个城市所要牵涉的人数和作出的决策数相比较，我们很容易得出结论：有必要对城市更新活动的规模进行限制。虽然，城市更新管理局和地方更新机构只是城市塑造中的一个小环节而已，但是，城市更新管理局和地方更新机构的活动范围和控制领域是非常广泛和复杂的。城市更新手册，这本用以指导地方更新机构工作的政策和要求说明手册，就充分说明了整个更新计划的复杂程度。截至1962年4月20日，城市更新手册包括了3本活页本，25个部分，82个章节。其中，索引就有整整26页纸那么长。[1]

对城市更新计划的运行流程进行深入分析，既不可行也过于枯燥。更新计划的细节数不胜数且异常复杂。但是，我们仍需要对城市更新计划的基本运作有一个清晰的概念。本章将就更新计划的运作进行重点解释。

自1949年将城市更新写入法律以来，国会明确了城市更新计划的两个核心指导意见：

1. 私人团体的参与程度的最大化；

2. 当地政府有责任开展特殊类城市更新项目。

虽然联邦政府在城市更新中的角色定位有些模糊，但联邦政府的主要职责似乎在提供指导、提供参考意见及必需的资金方面。让我们来看看城市更新是如何运作的。

城市更新的启动，首先，必须使当地政府对更新计划产生足够的兴趣，进而建立地方更新机构。地方更新机构，可能是专门设立的再开发机构，一个负责公共住房或整个城市，甚至整个县开发的机构。地方更新机构的使命是制订一个宏观构想，一个关于城市更新将给社区发展带来怎样变化的宏观构想。

更新项目运作的第一步向联邦政府申请规划预付金。规划预付金是暂时性的联邦贷款，主要用于初步调研和规划。在有些项目中，规划预付金会垫付给地方更新机构开展项目的可行性研究。进行可行性研究的条件是，更新项目中存在关乎项目实施是否能获得成功的重大问题。通常在递交规划预付金申请书之前，地方更新机构就可行性研究的必要性问题与城市更新管理局的地方区域处进行讨论。

一旦确定更新项目可实施，那么，就可以递交规划预付金申请书了。无论规划预付金来源于联邦政府或非联邦政府，都必须连本带息地偿还规划预付金。

一旦规划完成后，地方更新机构就可申请联邦临时贷款以用于项目实施过程中产生的费用支出。作为联邦补助金的一种，联邦临时贷款将用于支付地方更新机构在项目实施过程中产生的大部分费用。一旦城市更新管理局认定可实施性流程图中的所有条件都已经具备，那么，联邦政府和地方更新机构将签订相关的贷款合同。

在社区有资格申请联邦贷款和援助之前，社区必须制订一份**可实施性流程图**。

可实施性流程图是关于协调行为的蓝图，协调行为包括社区需分析其贫民窟和萧条地区存在的所有问题，对为解决这些问题所已经采取的措施进行评估，以及还需采取的措施，并制订相关流程和计划表。可实施性流程图必须包括 7 个基本要素：

1. 法律法规：建立健康和安全方面的标准，以指导新建设的住房符合法律要求。

2. 社区总体规划：为建设健康社区而制定的关于社区改善、更新、防止衰败等战略和行动的系统框架。

3. 街区分析：关于社区衰败的全面分析——位置，密度，需采取的措施。

4. 行政管理组织：通过对规划手段和其他手段的高效组织，建立覆盖整个项目流程的、权责分明的工作方案。

5. 资金：提供管理人员和技术服务需求方面、公共改善和更新活动方面的资金保障。

6. 为拆迁人口提供新住房：明确拆迁人口的住房需求，制订满足他们住房需求的方案，以及提供再安置服务。

7. 公众参与：将社区视为一个整体，社团代表和街区群体拥有完全的知情权，并拥有全面的机会参与到整个项目的运作中。

在项目获批实施之前，必须进行公众听证会，同时，地方政府必须正式采纳城市更新计划，而且，更新计划和城市总体规划应充分衔接，搬迁户的再安置方案应切实可行。

当政府主管机构批准更新计划后，更新项目进入实施阶段。在更新项目的实施阶段，许多活动将会同期开展，虽然各类活动的相互交织情况因项目而异。但是，大体上可将项目的运作流程划分为六大步骤。各步骤之间基本上一环接着一环，依次开展，但是，在同一个城市更新地区，也可能出现多个步骤，或六大步骤同时开展的情况。六大步骤的情况如下：

1. **土地征用**。第一步通常涉及城市更新地区的土地和旧房屋的征用。通常通过与业主协商的方式获得土地和旧房屋，但不排除一旦协商失败，地方更新机构行使征用权强制业主出售。相关的补偿价格由独立的评估机构确认。

2. **再安置**。当房屋征用完成后，地方更新机构将强制要求相关的家庭、个人、商业活动搬离城市更新地区，在别处寻找新的住所、办公或经营场所。法律要求地方更新机构的再安置方案必须是令人满意的。

3. **场地清理**。地方更新机构会尽快拆除认为没有保留价值的旧房屋。

4. **场地改善和配套设施建设**。场地清理干净后，地方更新机构通常会对场地进行改善以便吸引私人开发商。场地改善包括建设必需的基础设施，如街道、下水管道、供水管网以及照明系统。“配套设施”这一术语用来形容现代化的公共配套设施，如学校、图书馆、公园等。

5. **熟地处置**。场地清理干净并得以改善成为熟地之后，地方更新机构对熟地的处置通常包括四种方式：出售、出租、让与或自主持有。最常用的方法是公开招标出让或协议出让。

6. **新建筑**。这是城市更新流程中的最后环节。如果土地出让给私人开发商，那么，开发商通常有义务按照地方更新机构批准的总体规划进行建设。新建筑用途可能是居住、商业、工业或公共建筑（公共建筑所属土地或由地方更新机构持有，或出售给其他政府机构）。

一般性更新项目中的联邦财政支出

现在，我们就一般性城市更新项目各环节的成本及相关资金来源进行分析。项目总成本是对在一般性城市更新项目中由地方更新机构所承担的所有费用的统称。项目总成本包括了城市更新地区的土地和房屋征用费用、规划费用、日常开支、利息、拆迁安置费用、场地改善和配套设施建设费用。

流行观点认为，城市衰败地区的房地产价值是很低的，地方更新机构只需花费少量资金就可以完成地段征用。但这种观点并不正确。地方更新机构征用旧房屋和土地通常需要花费非常可观的费用。事实上，城市更新地区的征地拆迁费用是更新项目中最大的一笔公共支出。

城市更新地区旧房屋和土地的征用费，一般而言，约占项目总成本的67%。场地改善和公共设施建设费用约占了项目总成本的19%。场地改善是指实施城市更新计划所必须开展的场地改善活动，包括街道、公园、照明、坡度、防洪等。公共设施建设包括学校、警察站或消防站、图书馆，供水、供电、供气设施，下水管道及公共停车场等建设。项目总成本中的其他费用由一些相对小额的开支构成：如规划、日常开支、利息、安置费用等。所有这些小额开支占了项目总成本的13%左右。[2]

显然，城市更新最大的一笔支出是旧房屋和土地的征用、拆除和改善费用。这部分费用占了项目总成本的86%左右。关于一般性城市更新项目的费用支出明细情况详见表2.1

截至1962年12月31日联邦城市更新项目费用支出明细表 **表2.1**

	费用（百万美元）	百分比（%）
项目总成本	2966	100
房屋和土地征用费用*	1981	66.8

* 包括了土地征用费用、房地产管理、土地处置和土地协议出让费用

续表

	费用（百万美元）	百分比（%）
场地改善费用	304	10.3
配套设施费用	275	9.2
利息	110	3.7
场地清理费	83	2.8
行政管理和日常开支	79	2.7
调研和规划费	49	1.7
其他	48	1.6
安置费	16	0.5
维护费	16	0.5
房屋修缮费	5	0.2

资料来源：*Urban Renewal Project Characteristics*, Urban Renewal Administration, Washington 25, D. C., 555 projects authorized on 2/3 capital grant basis, December 31, 1962, Table 8, p. 16.

值得一提的是，自1954年以来，虽然一直强调要注重房屋修缮，但这只停留在口号层面。截至1962年底，用于房屋修缮的费用不足更新项目总成本的0.2%。联邦城市更新计划，从实践的角度而言，完全是一个拆旧建新的计划。

项目净成本是指项目总成本扣减去地方更新机构土地出售所得收益后的项目费用，如果将规划、行政管理、地方日常开支等费用包括在项目总成本内，那么，联邦政府将需承担项目净费用的67%左右，即所谓的三分之二标准。如果地方更新机构选择自主承担规划、行政管理、地方日常开支，即这些费用不包括在项目总成本之内，那么，联邦政府就需承担支付项目净成本的75%左右，即所谓的四分之三标准。土地前期整理费用和地方更新机构的土地出让收益之间的差额，称为“账目价值冲抵”。账目价值冲抵占项目总成本的百分比，称为“账目价值冲抵百分比”。

在适用三分之二标准的555个更新项目中，账目价值冲抵的平均值约为70%（详见附件A的表A.1）。这意味着在联邦更新项目中，改善后的土地地价只占了土地前期整理费用的30%，即私人开发商只承担了土地整理成本的30%。但事实上，私人开发商所承担的比重可能还要更低，因为政府的征用费是基于独立的评估机构作出的，而不是业主自身。如果由私人开发商自身去和土地上的业主进行谈判，他很可能要花费更多的资金。因为一旦业主认识到他们的地块在私人整体开发计划中占据了一个举足轻重的位置，那么他们完全由可能坐地起价。需要说明的是，虽然在理论上，账目价值冲抵可在0—100%的区间变动，但是，近三分之二的更新项目的账目价值冲抵位于60%—90%的区间。接下来，让我们将就土地账目价值冲抵的必要性进行论证。

在人口密集的城市建造一栋新建筑的成本要比空旷之地高许多，尤其是拟选址建设的地块上有旧建筑物需要拆除时。一旦拟建设的地块上有旧建筑物，在建设成本中将多增加两项额外的开支。第一项开支是拆除费；第二项开支是原有收益的损失。旧建筑的价值主要是由其在市场上能产生的净收益所决定的。一旦旧建筑被拆除，那么旧建筑所能产生的收益也将消失，所以，由此产生的损失也必须计算在建设成本之内。剥离了拆迁成本和未来的收益损失的旧建筑，其本身的剩余价值通常是非常低的。举例而言，假设一栋位于市中心区的建筑，每年能产生4万美元的收益。基于此，这栋建筑的市场评估价是40万美元。如果业主在原址拆除重建，新建筑的建设成本是80万美元，新建筑建成后的年收益是10万美元。那么，业主是该选择拆除重建，还是保持现状不变？

如果他保持现状不变，那么他将可以继续享有4万美元收益的同时，原计划投入建设的80万美元能投资到其他地方。这样，他能同时享有两份收益：旧建筑产生的年收益和80万美元的投资收益。

如果他决定拆除重建，那么旧建筑以及4万美元收益都将消失。那么，当新建筑建成后，他能享有到10万美元年收益。可见，决定业主作出何种选择的关键是，80万美元的其他投资能产生多少的年收益？如果年收益超过6万美元，那么，保持现状不变将更符合他的利益。为什么呢？因为，保持现状的话，他的收益总额将是旧建筑带来的4万美元年收益和80万其他投资带来的超过6万美元的收益，即收益总额将超过10万美元，大于拆除重建后的10万美元年收益。

这一例子说明，新建筑所能产生的年收益必须大于建设成本的可能年收益和旧建筑的未来年收益之和，拆旧建新才是有利可图的。这就要求，地块新的用地性质要优于原先的用地性质。* 否则，业主不可能使拆除重建后的年收益大于或等于旧建筑的未来年收益和建设成本的可能年收益之和。

市场没有自主更替市中心某些旧建筑的根本原因是，新的用地性质所能产生的收益还不够大。换句话说，私人开发商认为，新建筑所能产生的收益还没有达到他们预想的投资收益额（投资费用中需将旧建筑价值包括在内）。

所以，关于联邦城市更新计划使得城市的拆旧建新能在市场运作下进行之类的说法并不正确。实际情况是，联邦城市更新计划跳过或绕过了市场运作。

联邦城市更新项目的净成本是由政府买单的。联邦政府支付了大部分的成本，地方政府以及州政府（在某些项目中）承担了剩余部分。联邦财政资助贯穿整个更新项目的始末：规划预付金、暂时贷款、长期贷款、直接补助等。各类联邦财政资助费用可以归纳为三大类：

1. 短期财政贷款：包括规划预付金和用以实施更新项目的暂时贷款。

2. 长期财政贷款：只在少数项目中运用的特殊贷款，出现将在土地出租给私人开发商的情况中。

3. 补助金：即联邦政府的现金支付，最高可占到更新项目净成本的四分之三。

对于采用三分之二标准的更新项目而言，由联邦政府承担项目调研和规划期间的成本。联邦政府的这笔贷款称为规划预付金。但是，对于采用四分之三标准的更新项目而言，由地方更新机构自身承担项目调研和规划期成本。[3] 联邦规划预付金是必须连本带息偿还的联邦财政援

---

* 因为在美国基本不存在拆除重建时提高地块的容积率的现象。——译者注

助。虽然规划预付金的额度相对较低，但一直在稳健增长。规划预付金的增长趋势图详见图2.1。关于规划预付金的更详细说明，请参见附件A中的A.2表。1950—1962年期间，联邦政府批准了超过1.1亿美元的规划预付金，并且，其中的0.8亿美元实际上直接拨付给了地方更新机构。截至1962年底，地方更新机构偿还了0.47亿美元，仍剩余0.33亿美元的规划预付金没有清偿。[4]

规划预付金额度是判断城市更新项目未来发展的粗略指标。规划预付金正在逐年稳步上升，1962年的规划预付金达到了历史最高的0.18亿美元。这表明联邦城市更新计划正在不断扩张，而且，大量的规划正在制订并将在未来付诸实施。

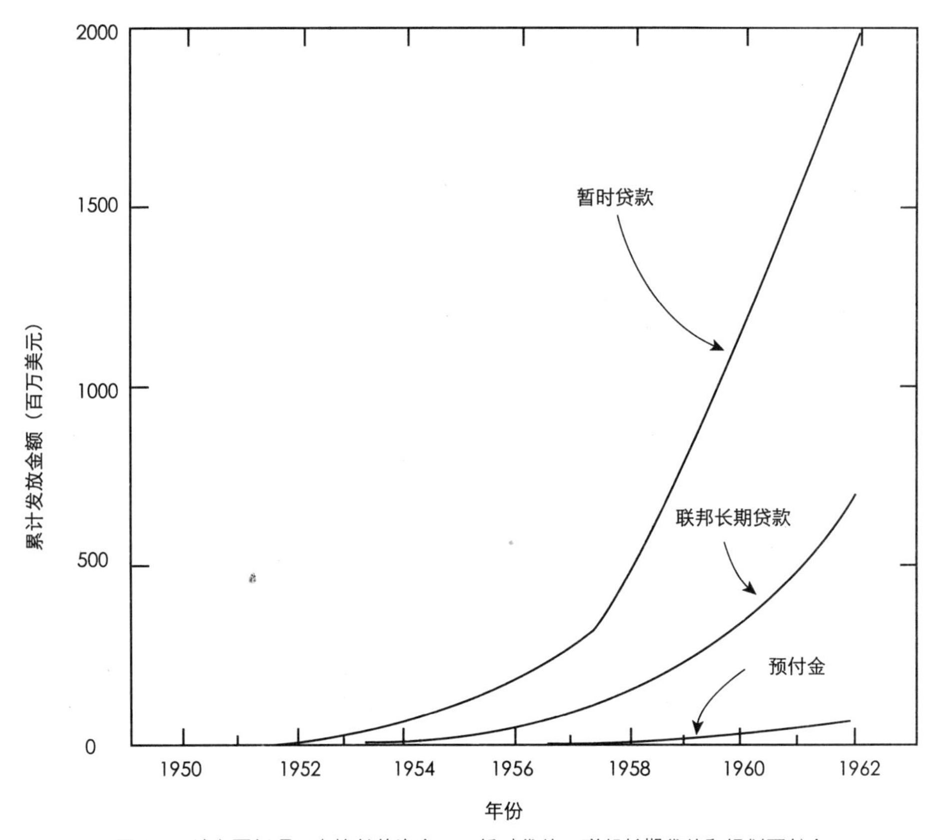

图2.1 城市更新项目中拨付的资金——暂时贷款、联邦长期贷款和规划预付金

资料来源： *16th Annual Report*, 1962, Housing and Home Finance Agency, Urban Renewal Administration, Washington 25, D. C., Table VII-3, p. 295.

联邦直接贷款或联邦担保贷款，用以资助更新项目在实施阶段产生的费用。联邦担保贷款是由联邦政府担保、私人借贷机构放贷给地方更新机构的暂时贷款。这些短期贷款（周期通常是6—12个月）的主要买家是商业银行、制造业协会及经销商。[5]联邦直接贷款是联邦政府直接拨付给地方更新机构的暂时贷款。

因为联邦直接贷款的利息是按照财政部长核定的“准长期贷款利息”计算的，所以联邦担保贷款的利息通常要比联邦直接贷款低很多（见附件 A 中的表 A. 2）。[6]而因为市场利息要低于准长期贷款利息，所以，只有在以下几种私人贷款无法提供的情况下，才能申请联邦直接贷款：

1. 地方更新机构没有向私人机构借贷的法律权限；
2. 地方更新机构无法提供发行政府债券时必须具备的无诉讼证明；
3. 私人贷款无法提供低于贷款和出让协议中所协定的暂时贷款的利息率；
4. 如果依照正常流程开展私人贷款的审批业务，来不及在项目实施前获得贷款资金；
5. 拟贷款的数额无法达到私人贷款的最低标准，私人机构不受理少于 20 万美元的贷款。[7]

如图 2. 1 所示，未清偿的联邦暂时贷款数额正在逐年上升。在 1962 年底，有将近 23 亿美元的联邦暂时贷款获得批准，其中，借贷给地方更新机构的将近 19. 97 亿美元。在这 19. 97 亿美元的借贷中，联邦政府的直接贷款为 6. 14 亿美元，其他的 13. 83 亿美元都是采用了联邦政府担保、私人借贷机构放贷的方式。

截至 1962 年底，借贷给地方更新机构的 19. 97 亿美元中，4. 15 亿美元已经清偿，剩余 15. 82 亿美元没有清偿。更详细的内容参见附件 A 中的 A. 3 表。联邦城市更新管理局将未偿还的贷款分为两类："未偿还" 和 "再次资助"。其中，"未偿还" 的贷款将近 10. 28 亿美元，这类贷款是指因为还款限期未到而还没清偿的贷款；"再次资助" 的贷款是 5. 54 亿美元。"再次资助" 贷款与未偿贷款的意思相近，都是指代还款期限已过但延期或再次资助给地方更新机构的贷款。

拨付的暂时贷款额度是了解城市更新中政府财政投入力度的重要指标。本指标表明了地方更新机构在征用土地、拆除房屋、迁移居民、改善场地等方面非常活跃。此类活动绝大多数是近几年才活跃起来。1950—1962 年间拨付的暂时贷款中近 85% 是 1957 年以后才发生的。这清楚表明城市更新筹备阶段的密集工作是近些年的事。因为在已拨付的暂时贷款总额中无法判断出任何城市更新计划正在衰减的迹象。所以，可以假定，在可以预见的将来，联邦城市更新计划中的的政府财政强力度的投入仍会持续相当长的时间。

随着城市更新计划的不断发展，联邦直接贷款和联邦担保贷款的关系发生了显著的变化。在 1952 年，联邦政府承担了 100% 的暂时贷款。但这之后，联邦政府的比例就一直在下降。截至 1962 年，只有 30. 7% 的暂时贷款是由联邦政府直接支付的。关于比例变化的总结，请详见附件 A 中的表 A. 4。

显而易见，因为私人贷款的利息更低，所以地方更新机构在公开市场上借贷更具有竞争力。联邦担保贷款额的变化曲线表明过去不允许地方更新机构在市场上借贷的情况已发生转变，联邦直接贷款占地方更新机构的借贷总额的比重正在不断降低就是一大证据。

地方更新机构一般无法在规定的 6 个月至 1 年的期限内还清私人借贷机构提供的联邦担保贷款。因此，地方更新机构通常会在借贷期限将近之际，申请再次借贷或延期偿还。相对而言，再次借贷或延期偿还并不复杂。地方更新机构一般以这种方式将联邦担保贷款一直延续到更新项目的完工。所以，这类短期贷款实际上发挥了和长期贷款相同的效果。因为城市更新的持续时间通常要比预期的更长一些，所以，在 5 年或更长的时间期限内，大多数这类暂时贷款仍未偿清。

截至1962年12月31日，1950—1962年间产生的贷款中，只有20.8%的暂时贷款已经偿还（详见附件A中的表A.3）。由上一段落的论述可知，将这类暂时贷款命名为短期贷款是具有误导性的，因为这类暂时贷款的周转周期非常长。所以，也许将他们称为中期或长期贷款更为合适。虽然，到目前为止，暂时贷款额尚未巨额到对联邦借贷市场产生重要影响。但是，如果更新计划继续快速扩张，那么极可能会对联邦借贷市场产生显著性需求，进而对政府的信誉或利率政策产生影响。

长期贷款必须以出租方式将土地出让给私人开发商再开发的那部分土地的资本价值为抵押。长期贷款的期限不得超过40年。[8] 长期贷款是由联邦政府借贷给地方更新机构的贷款。地方更新机构以出租用地上的租金和其他收益的方式来偿还联邦贷款。出租用地的年出租利息通常是土地资本价值的6%左右。迄今为止，只有在少数几个更新项目中发放了长期贷款。联邦城市更新管理局的某位官员估计，截至1961年底，近0.5亿美元的长期贷款尚未清偿。[9]

联邦资金补助款——项目实施阶段

最重要的财政资助类型是联邦资金补助款。政府将联邦补助款划分为三类：

1. 拨付的资金补助款，指联邦政府实际上提供给美国各城市的资金额。

2. 核定的资金补助款，指联邦政府和地方更新机构签订的贷款和出让协议上规定的拟提供资金额。

3. 定向拨款（Earmaked）或储备金式资金补助款，指在当前的更新计划和地方更新机构的运行状况下，预期联邦政府要提供的资金总额。已支付的资金和预期需追加的项目资金之和等于定向拨款或储备式资金补助款总额。

近几年来，定向拨款式资金补助款额或核定的资金补助款额的增长十分迅速。1962年，定向拨款式资金补助款额达到了30.14亿美元。其中的16.87亿美元已经通过联邦政府和地方更新机构所签订的协议方式加以拨付。在1953年之前，不存在拨付资金补助款；但那之后，拨付资金补助款一直在稳步增加。截至1962年底，7.12亿美元的补助款已拨付给美国各城市。关于拨付资金补助款的年变化趋势，详见图2.1；关于定向拨款、核定和拨付的资金补助款的详细列表，请参阅附件A中的表A.5。

对照图2.1，可以发现定向拨款或储备金式资金补助款、核定的资金补助款、拨付的资金补助款三者之间存在着时间上的相关性。定向拨款或储备金式补助款，反映了未来可能发生的城市更新活动（5—10年）。拨付的资金补助款，反映了过去已发生的城市更新活动。这三类补助款的快速、持续的增长清晰地反映了联邦城市更新计划的范围正在不断扩大这一事实，而且没有任何迹象表明更新计划将会减弱。

允许分期偿还的联邦补助款被称为“渐进式支付”。为了能满足渐进式支付的要求，地方更新机构必须已经征用了更新地区中超过25%的房地产权。渐进式支付额不能超过核定的资金补助额的75%。只有当更新项目大体完工之后，联邦政府才会支付主体完工补助款。主体完工补助款和分期补助款最高可占到核定的资金补助额的95%。根据法律要求，申请主体完工补助款时必须满足以下条件。

1. 必须已经100%完成土地征用，且90%以上的土地已经得到补偿。

2. 已经完成再安置计划的95%以上。

3. 已经全部完成所有的拆迁和场地清理工作。

4. 已经出售的土地市值要达到项目总价值的60%以上，并且，市值项目总价值30%以上的土地正处于合同签订中。

5. 50%以上的场地改善合同款已经支付。[10]

当更新项目的所有环节都已完工后，联邦政府才会支付最后一笔资金补助款。

政府财政支出中的地方政府成本

地方更新机构通常要提供更新项目净成本的三分之一。这笔支出既可能采用现金支付，也可能是非现金支付的方式。其中，非现金支付的方式主要适用于在城市更新地区提供公共配套设施和场地改善费用。截至1962年底，在联邦政府核定的城市更新项目中，地方更新机构投入了8.02亿美元。其中的大部分资金采用了非现金支付的方式。至1962年底，非现金支付占到了地方更新机构总支出的63%。这强烈表明非现金支付是地方更新机构主要的资金支付手段。虽然在一些案例中，公共配套设施的建设要早于城市更新地区的更新活动。但只要公共配套设施是发生在城市更新地区内的，联邦政府就就要支付公共配套设施总成本的三分之二。

在有些案例中，地方的改善活动可能从城市其他地区转移到城市更新地区，或者随着城市更新地区范围不断扩大，地方改善地区也被包括在城市更新地区。上述的两种情况都起到了一样的效果：即在很大程度上，更新项目是与联邦城市更新计划的主要目的相脱离——城市中自然会发生的建设活动或原本会在城市中其他地区发生的建设活动，现在都可能获得大量的联邦政府补助款。

在大多数案例中，如果没有更新计划，城市是无法获得联邦政府的补助款的。卡尔·科恩（Carl Coan），参议院银行和货币委员会下设的住房小组委员会主席，于1962年2月22日在一封给政府事务部下设的顾问委员会的信中写道：

在我们依据联邦法律作出决策时，经常困扰我们的问题是，在开展城市更新活动中如何合理划分联邦政府和地方政府的权责分工。近年来，联邦政府越来越多介入地方的发展事务。今年的许多提案都将会增加联邦政府在城市更新中所担负的责任。我要强调一点，有必要规范地方政府在实施城市更新项目时可以获得非现金支付额的界限范围和标准。举例而言，有些城市制订了远期的城市更新计划，以至于这些城市在城市更新中根本无须负担任何现金支出。事实上，有些政府制订的城市更新计划范围之广，使得联邦政府要对整个城市范围内的所有公共设施改善项目承担三分之二的成本，这些公共设施包括在远期才会建成的学校、休闲地区、停车场、公共建筑等。随着不少城市开始将城市更新目光转移至旧城的再开发并期待联邦政府能负担旧城改造中的绝大部分费用，这一问题将显得更为严峻。

从1950年以来，配套设施的建设费，大约占了地方政府非现金支付的62%。在更早些年，这一比例曾达到了69%，但在1956年时降到了62%并一直徘徊在这一水平。场地改善费用在非现金支付中所占的比例一直在稳健增长，从1954年的20%上升到1962的29%。配套设施的建设费和场地改善费用大约占了地方政府非现金支付的87%左右。剩余的非现金支付主要用在土地协议出让额和拆迁费方面。土地协议出让额所占的比例在快速下降，从1956年的14%下降到了1962年的5.6%。拆迁费一直保持在1%左右。关于1954—1962年间城市更新项目净成本中的各项财政支出的详细情况，请参照附件A中的表A.6。这些年来，现金支付在地方政府的公共财政支出中所占的比重一直在下降。从1955年的48%这一历史高点下降到1962年的37%左右。相反，在这一时期的非现金支付呈现了显著相关性的增长。

随着地方更新机构不断加大配套设施建设和场地改善的投入，导致配套设施建设和场地改善费用不断增长，进而导致地方政府总支出的增长。而又因为地方政府总支出与项目总成本相挂钩，这就又增加了项目总成本。这里，我们把城市更新地区对配套设施和场地改善的使用率称为分摊费用。举例而言，假设城市更新地区对某一配套设施的使用占了60%，那么，这一配套设施总成本的60%就可以计算到城市更新项目的总成本中。如前所述，项目净成本是指项目总成本减去熟地出售收益后的项目费用。而熟地出售收益与配套设施建设费和场地改善费用并不存在相关性，所以，项目净成本中增加的部分与项目总成本中增加的部分是同样的——分摊费用。虽然说，如果因为联邦非现金支付的增长会导致熟地出售收益的增长，从而将部分新增成本转嫁到开发商那里。但是，这并不会改变联邦政府需要承担项目净成本中增加部分的三分之二这一事实。所以，随着项目净成本的增加，联邦政府的支出也将随之增加，即联邦政府需要支付因新增的配套设施建设和场地改善费用而产生的分摊费用中的三分之二。[11]

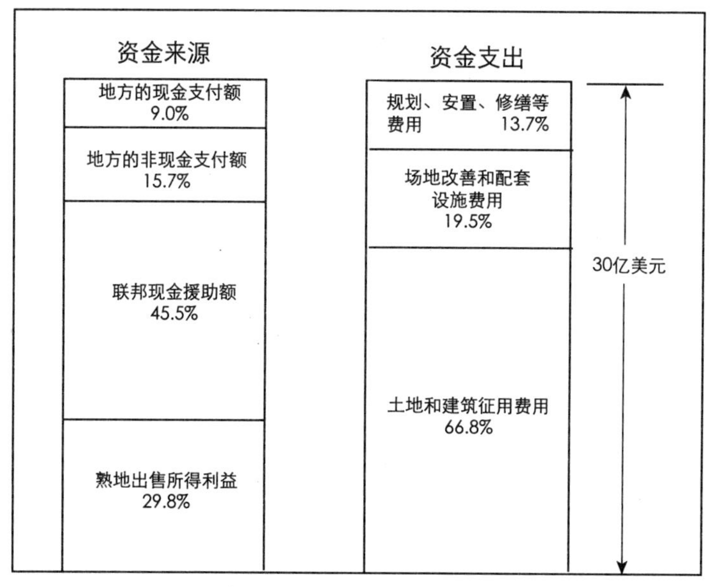

图2.2 城市更新的项目总成本来源和资金走向

资料来源： *Urban Renewal Project Characteristics,* Urban Renewal Administration, Washington 25, D. C., December 31, 1962; 555 projects reporting.

理论而言，地方政府占城市更新支出费用的比重能达到项目净成本的三分之一。但是，因为60%以上的地方城市更新项目支出是以非现金支付的方式存在的，而非现金支付中的三分之二费用是由联邦政府承担的。所以，联邦政府直接补贴了城市的配套设施建设费用。这也是为什么地方更新机构有强烈的冲动要增加非现金支付额度。随着非现金支付额的增加，地方更新机构可以不过分依赖于熟地出售的高收益。但结果就是，城市更新项目中政府财政支出的增加。

关于公共资金的来源和资金使用情况，请详见图2.2。

小结：城市更新项目总成本中的三分之二花费在城市更新地区土地和建筑的征用上。另外的五分之一用于新增的公共设施和场地改善。剩余的支出项目很多，包括规划、再安置、行政管理、利息等。熟地的出售收益基本能占到土地前期整理成本的30%左右。因为联邦政府寄希望于在市场运作的框架下，通过改变城市更新地区的土地利用的方式来实现其社会目标，所以，大量的公共支出是必不可少的。

联邦财政支出贯穿了城市更新项目的始终。联邦财政支出的形式包括：前期预支费、直接暂时贷款、联邦担保暂时贷款、长期贷款以及联邦资金补助款。联邦财政支出的大头是联邦直接暂时贷款和联邦资金补助款。因为联邦城市更新计划是一个长期计划，所以，所谓的暂时贷款其实是中期或长期贷款。

注释

1 *Urban Renewal Manual,* Urban Renewal Administration, Washington, D. C., 1962, Volumes 1, 2, and 3.

2 *Urban Renewal Project Characteristics,* Urban Renewal Administration, Washington 25, D. C., December 31, 1960; 463 projects reporting.

3 See research note 1 in Appendix B.

4 *16th Annual Report,* 1962, Housing and Home Finance Agency, Washington 25, D. C., Table VII-3, p. 295.

5 Interview, Mr. Max Lipowitz, Director of Finance, Urban Renewal Administration, Washington 25, D. C., March 1962.

6 *Urban Renewal Manual,* Urban Renewal Administration, Washington 25, D. C., 1962, Section 17-6-8, Exhibit A.

7 *Ibid.,* Section 17-6-3, p. 1.

8 *14th Annual Report,* 1960, Housing and Home Finance Agency, Washington 25, D. C., p. 286.

9 Lipowitz, *loc. cit.*

10 *Urban Renewal Manual,* Section 17-5-3, Urban Renewal Administration, Washington 25, D. C., 1961.

11 See appendix to this chapter for a fuller discussion of this issue.

第 2 章 附件

依据城市更新手册，用以支付已完工的更新项目的资金补助金的最大限额不得超过以下三个数值的下限：

1. 项目净成本和当地政府实际支出之差值；
2. 项目净成本的三分之二（或四分之三）；
3. 贷款和出让合同中约定的额度。

请记住上述内容。现在使：

N = 项目净成本

NC = 非现金支付。

联邦政府将有以下两种可选方案：

1. 支付项目净成本 N 的三分之二；
2. 支付项目净成本和非现金支付额的差值。

当 NC 大于 $N/3$，那么，第二种选择劣于第一种选择。因为，在这种情况下，联邦政府只需要支付 $2N/3$，即 $N-(N/3)$。如果 NC 等于或小于 $N/3$，那么联邦政府选择支付项目净成本和非现金支付额的差值是更好选择。在前面的正文中，我们曾论证，一般而言，N 的增加值等于 NC 的增加值。所以，即使 NC 不断增加，$N-NC$ 仍保持不变，联邦政府所承担的支出也不会改变。即到达 $NC=N/3$ 的临界点时，联邦政府的支付额达到最高点。从临界点开始，联邦政府的支出将保持不变，不再随着当地政府的支出的增加而增加。当地政府超过 $N/3$ 部分的支出将全部由当地政府自身承担。

从这点来审视城市政府，那么，地方政府理性的做法是：不断提高当地政府开支中的场地改善和公共设施建设的比重，直到达到项目净成本的三分之一为止。在这一比例范围内的场地改善和公共设施建设费用，当地政府将只需承担总成本的三分之一。

通常，当地城市更新机构能相对准确地估算出，项目的总成本是多少，以及总成本的主要构成部分的比重。但是，当地城市更新机构却无法对项目的净成本作出准确的估算，因为在项目净成本的估算过程中需要计算熟地出让的收益这一因子。而熟地出让的收益却是在更新项目的最后阶段才产生。同时，在绝大多数案例中，熟地出让的收益是由当地政府和私人开发商之间协商决定的。

抑制当地城市更新机构将熟地出让价格最大化的刺激因子是什么呢？如前面所述，当非现金支付达到项目净成本的三分之一时达到临界点。项目净成本等于项目总成本减去熟地出让的收益。所以，熟地出让的收益越高，项目净成本越低；反之亦然。如果项目总成本和非现金支付可以确认，那么，就有可能计算出非现金支付恰好等同于项目净成本的三分之一时的熟地出让价格。

现在，使：

P = 当地更新机构熟地出让价格

$*P$ = 非现金援助将恰好等于项目净成本的三分之一时的熟地出让价格

G = 项目总成本

NC = 非现金援助

N = 项目净成本

当 $NC/N = 1/3$ 时，达到临界点。

因为，$N = G - P$，

所以，$NC/(G - P) = 1/3$，

即 $3NC = (G - P)$

对方程两边除 G，并移项，

$NC/G = (1/3)[1 - (P/G)]$

因为 NC 和 G 已知，所以，就有可能计算出满足公式要求的 P 值。这一 P 值即临界价格 $*P$。因为 P 超过 $*P$ 后的任何收益都属于联邦政府，所以，城市政府缺乏动力去获得超过 $*P$ 的熟地出让价格。所以，熟地出让价格超过临界价格只有在以下情况下才会发生：不需地方城市更新机构负担额外的新开支。

如上所述，城市更新计划存在着一个内部规则，即

1. 地方非现金支付的**增加**，反而会导致

2. 地方城市更新机构的熟地出让价格的**减少**。

从城市的角度而言，这一规则是有利可图的。新的公共设施的建设将主要由联邦政府负担，而且，城市也较易处置已获得改善后的城市更新地块。但是，从国家角度而言，这一规则将增加联邦城市更新计划的总成本。

一个可行的解决办法是，要求地方更新机构的现金支出（即熟地出让价格）必须和联邦政府的开支保持在特定的比值。地方非现金支付将和项目净成本挂钩，如地方非现金等于项目净成本减去项目的其他成本。其中，联邦政府支付项目其他成本中的 $X\%$，地方城市更新机构支付项目其他成本中的 $(100 - X)\%$。这一公式将会起到两个作用。第一，它将修正公共设施建设过度的问题，因为现在由城市自身来承担公共设施建设费用。第二，它将导致熟地出让价格的最大化，因为土地出让价格越高，城市所负担的现金支出将越少。

第 3 章　快速扩张的联邦城市更新计划

“从未出生……我想我是自己长大的”。

Topsy（托普西）

《汤姆叔叔的小屋》

从某一方面而言，联邦城市更新计划增长迅猛。但从另一方面而言，更新计划进展非常迟缓。这看似矛盾的不同判断是因为更新计划的某些环节增长快，而另一些环节增长慢。因为更新计划增速所表现出的不同特征，如果要对更新计划的增长模式有个清晰的概念，那么，将联邦城市更新计划的不同环节相互分离进行考察就变得十分重要。

根据某些指标，更新计划正在迅猛增长，而其日益复杂化。处在实施阶段的更新项目稳步增长，几乎所有州的大城市都有城市更新项目。同时，主管更新计划的官员们越发激情高涨，城市更新的实施范围正在不断扩大。

关于更新项目的实施，可以分为两个完全不同的阶段：前期准备阶段和完工阶段。绝大多数社会和经济成本都发生在前期准备阶段；绝大多数新建设和收益发生在完工阶段。当我们述及联邦城市更新计划的增速时，我们不难发现，绝大多数增长集中在前期准备阶段。从被迫迁移的人口数量，被拆除的房屋数量，投入生地改善的公共财政资金额方面来判断，更新计划获得了突破性进展。

另一方面，完工阶段的更新活动进展十分缓慢。实际已完工的更新项目数所占比重不大，新的建设活动总体上以非常迟缓的速度在推进。没有一个城市可以宣称，城市因为更新计划而得到了重生。如果对联邦城市更新计划的增速不得不冠以某一特征，那么最佳的描述可能是：更新规划和更新的前期准备进展快速，但是，更新的实施效果推进缓慢。

城市更新项目的数量增长情况的分析主要有三种途径：一、已完工的项目数；二、实施中的项目数；三、规划中的项目数。其中，实际已完工的项目数非常少。虽然联邦城市更新计划于 1949 年就已经启动，但是直到 1956 年，即 7 年之后，第一个更新项目才完工。已完工的更新项目数增长相对缓慢。截至 1960 年底已有 41 个项目完工[1]，最新的报告显示，截至 1962 年底有 86 个更新项目完工。值得说明的是，联邦政府有一套关于项目是否已完工的特定认定标准。联邦政府所认定的已完工项目，是那些已经将最后一笔联邦补助款拨付给地方城市更新机构的更新项目。[2] 即已完工的更新项目不一定要符合所有的新建设都已经完成这一条件，虽然大多数已完工的更新项目已经完成所有的新建设。举例而言，在1960年底，在已完工的41个更新项目中，只有25个更新项目已经完成所有的新建设。[3]

对已完成新建设的25个更新项目进行检查，反映出城市更新增长模式的另一个特征。这25个更新项目的规模都相对较小。城市更新项目的平均总成本略大于500万美元；而这25个更新项目的平均总成本却不足100万美元。至于剩余的16个更新项目，即联邦政府的最后一笔贷款和捐补助款已经拨付，但是尚有部分新建设未完成的更新项目的平均总成本略少于200万美元。[4] 无可争辩的是，这虽只是一个小案例，但它揭示了这样一个事实：推进得越快的城市更新项目，项目规模越小。虽然并非绝对如此，但可以如此推断，在其他情况都相同的情况下，小项目比大项目的完成时间更短。

反思城市更新增长模式这一特征，我们不难发现存在的问题很严重。截至1962年3月，联邦城市更新计划已存在12年，但更新计划没能证明其具备有效完成一个大项目的能力。没有一个总成本大于450万美元的大项目已经完成了新建设；在25个已经完成新建设的项目中，有17个项目的平均总成本不足100万美元。这意味着什么？这是否暗示着规划师不具备处理好复杂的大项目的能力。这是否暗示着我们只能期待在10年、15年或20年后，城市更新的官员们才能完成一个大项目。也许，下这样的定论还为时过早，但现有事实却强有力地指向这一结论：负责城市更新计划的官员们需要一段漫长艰难的时间来完成一个更新项目。

现在，让我们再来查看实施中的更新项目数的增长情况。截至1950年，8个项目处于实施中；从那以来，实施中的更新项目数不断增加。从1950年的8个项目增加到1955年的110个项目，继而发展为1960年的444个项目，截至1962年底，达到了588个项目。请注意，绝大多数实施中的项目是1955年之后才产生的，且这些项目直到20世纪60年代末才开始真正实施。同时，增速在不断加快，在1960—1962年三年间所产生的实施中的项目数约占了项目总数的38%。

规划中的更新项目的增长模式却又反映了另一种情况。截至1950年，已有116个项目处于规划阶段。1951年时增加到了192个项目。1952—1955年间，基本徘徊在191—230个项目之间；1956年上升到299项目。其后，规划中的项目数的增长显示出了无规律性：1960年是385个项目；1962是536个项目。与实施中的项目数和已完工的项目数的增长模式相比，规划中的项目数相对保持固定。关于已完工的项目数、实施中的项目数、规划中的项目数的详细情况，请参阅附录A中的表A.7。与表A.7数据相关联的图表，请参阅图3.1。图3.1显示了自联邦城市更新计划存在以来，更新项目总数的变化趋势以及相应的增长特征。其中，已完工的项目数和实施中的项目数表现出了相对固定的增长速度。而规划中的项目数的增长情况则相对缺乏规律性。

联邦城市更新计划在地理范畴上的增长也推进得很快。截至1962年，总计有1210个处于不同阶段的更新项目分布于全美636个城市中。全美绝大多数的大城市至少都拥有一个城市更新项目。全美最大的五个城市——纽约、芝加哥、洛杉矶、费城、底特律——都拥有多个城市更新项目。以纽约为例，在1962年底，纽约共有22个更新项目。总体而言，大城市要比小城市更容易拥有城市更新项目。在1962年，人口10万以上的城市中有79%的城市拥有城市更新

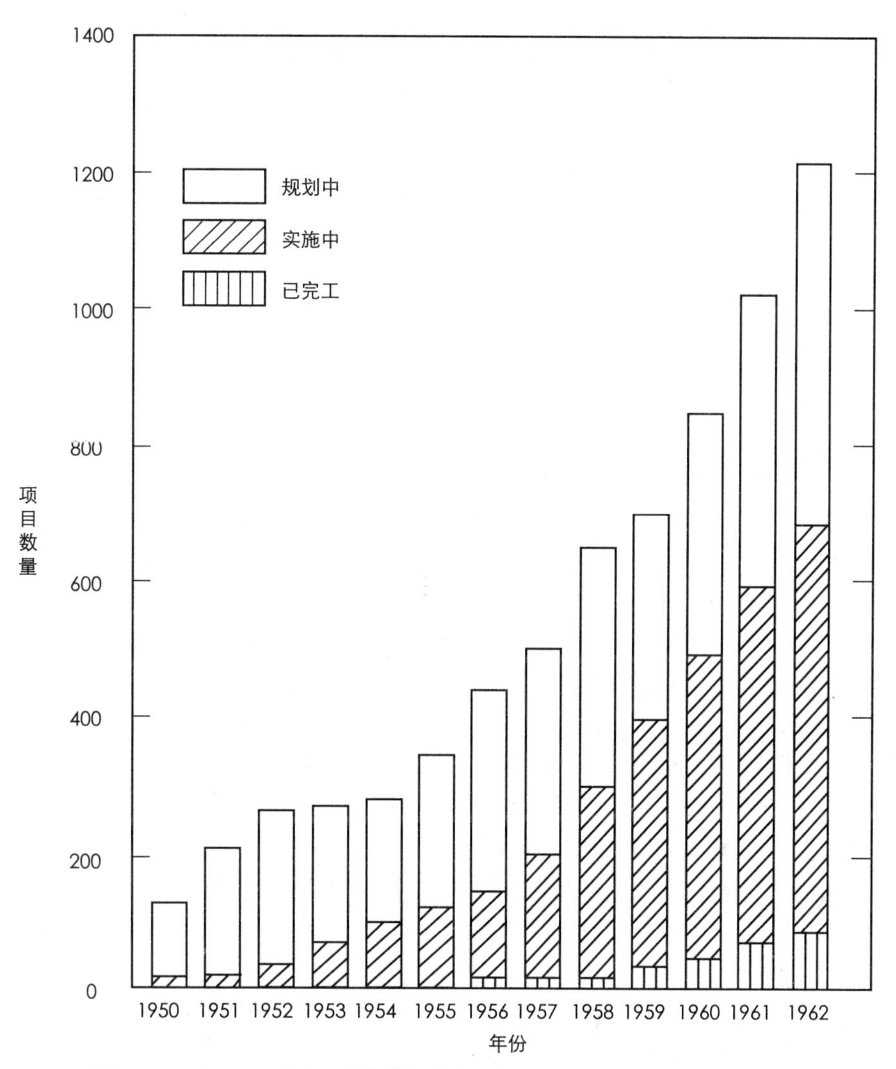

图 3.1 1950—1962 年间经授权的规划中、实施中、已完工的城市更新项目数

资料来源：*16th Annual Report*, 1962, Housing and Home Finance Agency, Urban Renewal Administration, Washington 25, D. C., Table VII-2, p. 295.

项目，同时，人口不足 10 万的城市中只有 11% 的城市拥有城市更新项目。如表 3.1 所示，城市规模越大，越容易拥有城市更新项目。

城市的更新项目数和比例：以城市规模划分，1962 年 12 月 31 日 **表 3.1**

城市规模（人口）	城市总数	拥有联邦城市更新项目的城市数量	拥有城市更新项目的城市数量占城市总数的比例（%）
>1000000	5	5	100
500000 - 1000000	16	13	81
250000 - 500000	30	24	80

续表

城市规模（人口）	城市总数	拥有联邦城市更新项目的城市数量	拥有城市更新项目的城市数量占城市总数的比例（%）
100000－250000	81	62	77
50000－100000	203	106	52
25000－50000	427	129	30
10000－25000	1146	170	15
2500－10000	3115	127	4
总数	5022	636	13
大城市（>100000）	132	104	79
小城市（<100000）	4890	532	11

资料来源：*Urban Renewal Project Characteristics,* Urban Renewal Administration, Washington 25 D.C., December 31, 1962, page 7, Table 1.

从实际的地理分布而言，绝大多数的城市更新项目集中在美国的东北部地区。虽然中西部地区（伊利诺伊州和俄亥俄州）同样从联邦政府那里获得了大量的城市更新资金。截至1961年3月，4.05亿美元的联邦补助款已经拨付。新英格兰地区，加上纽约、宾夕法尼亚和新泽西三个州，总共获得了1.92亿美元，即联邦补助款总额的47%。仅纽约州就获得了联邦补助款总额的20.8%。伊利诺伊州和俄亥俄州加起来获得了14.4%，加利福尼亚州获得了4%。毫无疑问，虽然联邦城市更新计划在地理上分布很广，但是，更新重点主要集中在少数几个地区，特别是从联邦补助款的流向和流量方面而言。举例而言，截至1961年3月，纽约、宾夕法尼亚和伊利诺伊三个州获得了42.6%的联邦补助款。但同时，有14个州没有分得任何一分一毫。各个州所获得的联邦补助款情况，请详见附录A中的表A.8。

检查城市更新计划增长情况的另一个指标是当地更新机构占有的土地数。截至1962年，联邦城市更新项目的总用地面积达到了36377英亩，约等于纽约市曼哈顿自治区的三倍。其中，68%的用地面积是在1956—1962年期间划定的。在这期间，城市更新的用地面积以每年接近25%的速度增长。

检查更新计划规模和增长速度的最佳指标之一是评估其过去所花费的资金以及未来预计所需的投入额。本章所论及的成本是指公共支出——当地政府、州和联邦；但不包括城市更新地区的私人建设成本。事实上，虽然无法准确得知每年在城市更新中投入的公共支出，但这并不妨碍我们作出合理的估算。

一个典型的城市更新项目，最初的一笔支出通常来自联邦政府拨付给当地更新机构的规划预付金。随着项目的推进，大量的支出来自于联邦政府提供的短期贷款。在这之后的几个阶段，联邦政府向当地更新机构提供现金补助款。现金补助款首先用来偿还之前的预付金和短期贷款，但有时候也直接用作项目经费。每年用于城市更新的公共财政可以通过对下述三项的加和计算得出：

1. 预付金。

2. 短期贷款。

3. 50%的补助款。

在资金测算过程中，假定当地更新机构在获得联邦预付金和短期贷款的同一年就支出了所有的预付金和短期贷款。这一假设的基础是，当地更新机构只在其确需资金的时候才能申请预付金和短期贷款。但是，联邦政府拨付的预付金和短期贷款并不能完全反映公共财政总支出。当地更新机构仍可能通过其他途径获得其他的公共财政支出，如联邦现金补助款、城市自身的现金补助款、熟地出售收益等。依据现有的数据，无法准确判断其他公共财政投入发生的时间段。根据城市更新管理局的官员估计，联邦预付金和短期贷款总额约等于联邦政府拨付的现金补助款的50%。[5]

A 采用上述资金测算方法，可以估算得出，截至1962年12月31日，城市更新项目的总公共支出到达了24.33亿美元。关于公共财政总支出的年变化趋势详见图3.2以及附录A中的表A.9。公共财政总支出的增长速度很高，而且绝大多数的增长发生在最近的五年中。自1949年更新项目实施以来，将近90%的支出发生在1956年12月—1962年12月之间。

公共财政的实际支出是评估城市更新前期准备阶段活动的增长情况的重要指标。前期准备阶段活动包括了通过协商的方式或以征用权的名义征用私人房地产、拆迁户再安置、房屋拆迁、场地清理等活动。如图3.2所示，城市更新的准备阶段活动出现了显著增长。在接下来的深入分析中，我们将会发现城市更新完工阶段的进展却十分缓慢。即事实证明，征地、搬迁和拆迁活动比新建设活动更为容易。

城市更新公共支出所表现出的时间特征，也许能部分解释为什么很少有人了解城市更新计划。虽然城市更新计划从1949年就开始实施，但直到最近几年，才出现显著性的资金支出。如果资金支出仍保持在过去五年期间的增速水平，那么更新计划的效果将越发显著，也许不久之后就会如联邦农业计划和联邦退伍军人计划那般广为人知。

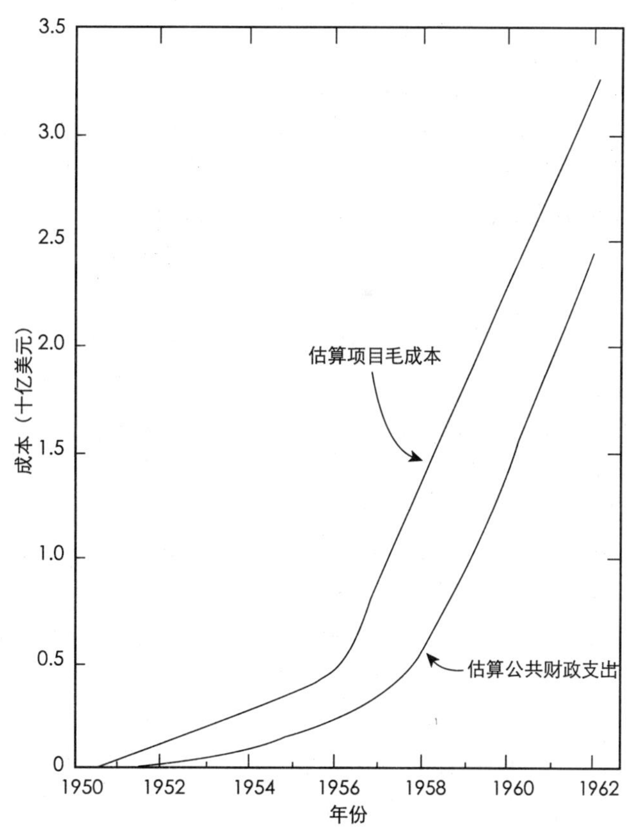

图3.2 1950—1962年间所有更新项目的估算总成本总额和估算公共财政支出总额

资料来源： *Urban Renewal Project Characteristics,* Urban Renewal Administration, 1954—1962; *Annual Reports,* Housing and Home Finance Agency, 1950—1962, Washington 25, D. C.

同样，公共财政开支反映出城市更新前期准备阶段活动正在不断增长；项目总成本总额（估算值）是测算城市更新计划的未来增长趋势的重要指标。项目总成本是将贫民窟转变为熟地这一过程中所有公共财政开支的总额，包括了征用房地产、场地改善、支撑性设施建设（学校、图书馆、道路等）、债务利息、土地征用、场地清理、日常管理、调研和规划、搬迁、监察、翻新等费用。在过去的十年中，实施中的更新项目和已完工的更新项目的项目总成本总值（估算值）增长很快。关于其增长的时间趋势详见图3.2。就如同公共财政的实际支出一样，项目总成本中绝大部分的增长发生在近几年中。其中，超过86%的增长发生在1956—1962年间。截至1962年底，604个更新项目的项目总成本总值达成了32.58亿美元。

虽然，我们无法对规划中的更新项目进行项目总成本的准确测算，但仍可估算其大致的数额。假定规划中的更新项目和当前实施中的、已完工的更新项目具有一个相同的常值：项目总成本总值和联邦补助储备金的比值。在这一假定基础上，如果将已完工的更新项目计算在内，那么，当前更新项目（1962年）的项目总成本达到了65亿美元。

项目总成本总值（估算值）表明前期准备阶段的城市更新活动仍在不断增长。即使只考虑当前的城市更新规划情况，地方更新机构仍会继续征用私人的房地产，人们仍会继续被搬离处所，旧建筑仍会被摧毁。总体而言，联邦城市更新计划，在前期准备活动方面，以相当快的速度在增长。不幸的是，绝大多数社会投入和经济投入，仍主要集中在前期准备阶段。请记住这点。现在，让我们对处于完工阶段的城市更新的增长速度进行评估。完工阶段承载着城市更新的美好前景——明亮、有序的建筑、强有力的税收基础、得到再生的城市。

在全美的城市更新地区，已开工的新建筑总量，无论是公共或私人的建筑量，都相对较少。在1949年—1961年3月期间，将近14.3亿美元的公共财政投入到城市更新之中，但是，已开工的新建筑价值只达到近8.24亿美元。也许，我们可以乐观地认为，其中5亿美元的新建筑已经完工；但即使这样，新建筑的建设活动仍然过于迟缓。因为出于前期准备阶段的更新项目过渡到完工阶段需要一定期限，我们自然应该考虑一定的时间滞后性。但是即使考虑了时间滞后性，指标仍反映出完工阶段的城市更新推进缓慢的情况。在1957年之间，只有非常少的新建筑建设活动；事实上，截至1961年3月，近8.24亿美元的新建筑建设活动中70%左右是在1956年之后才开工的。随着大量的城市更新项目过渡到完工阶段，似乎新建设活动将会不断加速。但是，如果更新计划的覆盖范围仍像过去那般在快速扩大，那么，与整个更新计划的规模总量和财政投入总额相比，新的建设量或仍将保持在较低水平。

五年过去了，很少的新建设已完工。为了扩宽解决这一问题的途径，1954年国会通过了住房修正案。当时普遍认为，因为1954年前批准的一般性城市更新项目的划定面积太小，所以才导致更新项目的实施效果不甚理想。修正案认为，在诸多的更新项目中，因为作为潜在吸引点的周边地区未被纳入城市更新范围之内，导致项目周边地区很难吸引到租客。修正案还认为，仅仅清除贫民窟是不够，更新活动同样应包括对城市中可能的贫民窟的再生。如果由此导致城市更新的范围扩大至需要十年以上的时间才能完成城市更新活动，那么，就需要实施街区总体更新计划（GNRP）。街区总体更新计划的地域空间范围要大于一般性的城市更新项目范围，其立足点是整个社区规划的良性。只有在以实现地区性城市更新为目的时，才能引入街区总体更新计划。地方机构可申请联邦预付金用于街区总体更新计划的前期准备工作。联邦预付金将从拨付给街区总体更新计划下的各更新项目的贷款资金中抵扣。事实上，街区总体更新计划包括了一个或多个独立的城市更新项目，并且可能同时包括城市再开发和修缮两类不同的更新活动。

合乎城市更新演变逻辑的下一步骤是引入社区更新计划（CRP）。城市更新管理局相信，点对点的社区改善和消除贫民窟只能起到有限作用，只有大范围的更新手段才能解决社区性的衰退和破败。社区更新计划的设计本身就是希望能对整个社区的城市更新进行整体性的解决。大体而言，社区更新计划，希望能摸清和评估社区内关于城市更新的所有需求，将需求和社区可利用资源相联系在一起，通过编制周期较长的社会更新计划，统筹安排社区内所有的更新活动。地方政府可以申请联邦预付金用以编制社区更新计划，但联邦预付金额不得超过计划编制成本的三分之二。截至目前，街区总体更新计划和社区更新计划的效果都不理想。在过去，似乎有这么一种倾向，如果某个计划没能达到既定的目标，那么，它的覆盖范围反而会越来越大，期望随着范围的扩大能使其运行得更好。

关于城市更新的替代性途径仍然无法预见。但是，过去由联邦资助的城市更新计划实践表明，几乎所有的城市更新活动都集中在独立的个体性城市更新项目中，局限在面积相对较小的一部分城市土地上。有鉴于此，本文关注的重点就是此类独立的个体性城市更新项目。因为个体性城市更新项目是任何一个街区总体更新计划和社区更新计划的核心。可以预期，从任一个体性更新项目的分析中所得到的真知灼见对评估更大范围的更新计划都将有所助益。

联邦城市更新计划增长模式所显示的特征表明，更新计划的未来发展趋势不容忽视。更新计划中绝大部分的社会成本和经济成本发生在计划的内部环节，显然，这些内部环节正在快速扩张。更新计划成本产生的速度明显要快于收益产出的速度，并且，这种增长模式仍未被诟病。至今为止，虽然尚未有结论证明更新计划将进一步增长和膨胀，但联邦城市更新计划已经展现除了近乎疯狂的发展和演化能力。虽然城市更新计划的效果仍比较模糊，但试图对城市部分地区进行更新的意图增长却很快，旨在描绘未来的更新计划编制意图也在飞速增长。

注释

1 *Urban Renewal Project Characteristics,* Urban Renewal Administration, Washington 25, D. C., December 31, 1960, Table 3, p. 9.

2 The Urban Renewal Administration considers a project completed when the final federal grant payment has been made, thus canceling the federal government's contract with the local renewal agency.

3 *Physical Progress Quarterly Reports* (unpublished), Urban Renewal Administration, Form H-6000, Washington 25, D. C., March 31, 1961.

4 *Ibid.*

5 Interview, Mr. Max Lipowitz, Director of Finance, Urban Renewal Administration, Washington 25, D. C., March 1, 1962.

第 4 章　联邦城市更新计划的成效

政府敢于实施暴力和不公正行为，不仅因为政府掌握着意志或权力，
长期沿袭的习惯、观念和情感更是纵容政府实施暴政的原因。
托克维尔

典型联邦城市更新项目的后果经常是恶劣的。人们被驱离处所、商人被迫关闭商铺，或好或差的建筑被拆除——所有的一切都发生在公共利益，这一更高级的“产品”的名义之下。

城市更新的拥护者们不愿意谈论城市更新计划中那些令人不快的后果。在不得不发表意见的场合，他们经常会逃避这个话题或发表一些含糊其辞的言语来淡化问题的严肃性以及所应采取的措施。他们也许会如是作答：“不错，这是个问题。我们一定会继续强调在城市更新中社区协作的重要性，以助于解决这些基础性社会问题。”含糊的概论并不能改变客观事实。基本没人对这些问题及其成因进行严肃认真的检查。在本章节中，我们将尝试对联邦城市更新的本质以及严重后果进行检查。

受联邦城市更新计划直接影响的人数已经将近一个可观数字。在联邦城市更新计划刚起步时，被驱离的人数还很少，他们的抗议声虽然尖锐但却很微弱。现如今，人数已急剧上升，以至于城市更新的拥护者们已无法忽视或逃避这一问题——受影响人群的数字已庞大到在大选上拥有强大的话语权。

1962 年 12 月 31 日，城市更新管理局报告称，有 259504 户家庭曾经或正生活在城市更新地区。这一数据来自于全美 735 个城市更新项目所上报的家庭户数算术加和。[1] 另外，因各类原因，规划中的 475 个城市更新项目没有上报其更新地区的家庭户数。为了较为准确估算得出城市更新地区的总家庭户数，假定未能上报 475 个城市更新项目的平均家庭户数等于已经上报的 735 个城市更新项目。根据这一假定，截至 1962 年 12 月 31 日，总共有 427000 户家庭受到联邦城市更新计划的直接影响。

因为城市更新管理局只公布了家庭户数方面的数据，所以我们无法知道我们正在讨论的家庭是由两个人还是十个人构成，从而无法准确获知受联邦城市更新计划直接影响的总人数。但以家庭为计算单位是很不恰当的，因为这样会让人严重低估受联邦城市更新计划直接影响的总人数以及当前正在开展的工作。所幸，对总人数的大致估算仍是可行的。

南加州大学公共管理学院的一份研究表明，他们抽样调查的 31687 个被驱离家庭的平均家庭人员是 3.78 人。[2] 这一估算均值略低于实际值，因为为了便于统计，将所有拥有 7 个以上成员的家庭归纳为一类。3.78 人/户的估算均值非常接近于 1960 年 3.65 人/户的国家平均水平。[3] 如果保守估计城市更新地区的户均人口等于国家平均水平，那么受城市更新直接影响的总人数就等于 427000 乘以 3.65，即 1558550 人。

城市更新管理局出版了单身人士方面的统计数据。截至 1961 年 12 月 31 日，486 个城市更新项目上报的单身人士人数为 42666 个。[4] 如果我们假定未上报数据的 724 个城市更新项目中单身人士人数比重与此相同，如此，可以估计，有近 106000 个单身人士受到联邦城市更新计划的直接影响。

因此，如果我们将多家庭总人数和单身人士人数进行加总计算得出，在 1962 年底，有近 1665000 的美国人卷入了联邦城市更新计划。这一人口总数基本等同于密歇根州底特律市的城市总人数，即美国第五大城市的总人数。其中的有些人已经被驱离住所，其余的正在或将要被驱离。在 1965 年底，大量规划中的城市更新项目将要进入实施阶段，这也就意味着，至少有 100 万的民众将在 1965 年底前被驱离住所。

多少民众已经被驱离了呢？根据城市更新管理局的最新数据，截至 1963 年 3 月 31 日，152803 个家庭和 51434 个单身人士已经被驱离。采用上面的估算方法，那意味着，截至 1963 年 3 月，已经有超过 609000 人被驱离住所。但这一切还远未结束，或许，这仅仅只是开始。根据城市更新管理局的委员威廉·斯莱顿的说法：

随着城市更新的快速扩张，以及要在下个十年通过城市更新实现 100 万家庭的再安置这一规划目标，更准确更全面的再安置规划将迫在眉睫。[5]

这番话是在 1962 年说的。如果这番话是正确的，那么，联邦政府联合当地的更新机构，正计划在 1972 年前强制驱离近 400 万美国市民。我们无法得知具体的情况，也许成百上千的新项目正在酝酿之中。在这个时间点上，我们只能推测最终的总人数会是多少；但几乎可以确信，如果联邦城市更新计划继续运行下去，那么至少上百万人口将要被驱离住所。这是我们必须正视的巨大成本。

那些被城市更新驱离住所的人，他们的生存现状境况仍是不太清楚。相关律法仍然假定这些人的生活境况得到了改善。联邦和当地政府官员则认为这个问题是城市更新中最难调查清楚的。很少有人质疑最开始时将他们驱离是否符合正当性原则，但是，大量的人在关注着他们被驱离之后的生存境况。最近，斯莱顿专员说道：

根据联邦律法，需在再安置人群的工作地点周边提供房价或房租在他们可接受范围内的标准住房，最近，我们重新设计了我们的再安置流程，以便确保安置房计划得以编制；确保在搬迁之前，安置房建设已满足可行性和可达性原则。我们特别强化了当前部分项目中较为薄弱的原地再安置计划。[6]

也许没有理由对此这番话的真诚性表示质疑，但请让我们看看这番话的隐含之意。与全美其他人相比，绝大多数居住在所谓的“衰退”地区的人的收入水平要相对较低。他们居住在次标准的建筑中，或者是因为他们的收入是如此之低，或者他们希望能将他们部分收入转移至其他消费上。因此，在住房上的花费额等于他们能支付得起的或他们愿意支付的金额。

如今，法律要求，政府必须在便利的地点给再安置人群提供他们能负担的标准住房。由此产生了一个悖论：如果在便利的地方有低收入人群能负担得起标准住房，他们为什么不老早之前就搬进去？也许，他们并不清楚这类标准住房的存在。但如果存在这种情形，那么，建议他们搬进这类标准住房不是比拆掉他们的住房更为简单方便也省力省钱？类似的发文不得不让人怀疑在便利的地方是否可能存在着大量低租金的标准住房。换句话说，用来买雪佛兰轿车的价格是否可能支付得起凯迪拉克轿车？

符合逻辑的假定是，一分钱，一分货。区位便利的好房子，即使价值高些也仍有人愿意支付。如果政府希望一个原先住在次标准住房中的市民可以搬进标准住房中，那么安置人员必然将支付更高的租金，因为两者间的区别是如此之大。一旦需支付更高租金，那么或安置人员需将更多的收入花费在租房上，或由政府补足两者间的差额部分。

此处必须要加以说明的另一点是，人们经常使用诸如“标准住房”、“他们可支付的租金”、“便利的地方”之类具有隐含之意的词汇。让我们来看看这些词汇到底意味着什么。当政府官员谈及标准住房，我们应问问，“所谓标准，是用谁的标准来判定?”。在相同的语境下，由谁来决定再安置家庭能承受的租金是多少，谁来决定什么是区位便利，用以支撑这些判定的标准或价值又是怎样?

被城市更新计划所驱离的民众有资格可从政府手中拿到一笔补偿金用以支付部分，甚或全部的再安置费用，以及其直接财产损失。对于在 1956 年 8 月 7 日之前合同就已生效的城市更新项目而言，联邦政府规定地方城市更新机构需对有需要的家庭和单身人士提供政府搬迁补助。[7] 在这一规定之下，9192 个家庭和 3286 个单身人士获得了政府搬迁补助，其中每个家庭的平均补助是 60 美元，单身人士是 54 美元。随着 1956 年住房法案的出台，搬迁补助的额度有所提高，但规定不得超过 100 美元的补助上限。1959 年的住房法案将补助上限提高了 200 美元。但是，这只是关于搬迁补助的上限规定而已。实际上，家庭的平均搬迁补助要远低于 200 美元。许多家庭和单身人士甚至根本没有得到任何的搬迁补助。

截至 1961 年 12 月 31 日，有 112721 个家庭和 36616 个单身人士被强制搬迁。[8] 他们获得了多少政府搬迁补助呢？难以想象的是，只有 51% 的家庭和 53% 的单身人士获得了搬迁或财产损失方面的相关补助。其他的家庭和单身人士没有得到任何补助。获得补助的家庭和单身人士的搬迁补助金又有多少呢？获得补助的 51% 家庭的平均补助金是 71 美元；获得补助的 53% 单身人士的平均补助金是 48 美元。因此，虽说他们都有可能获得 200 美元，但是只有少部分人真正获得了 200 美元的补助金；而且，有近半数人根本没得到任何补助金。[9]

被强制驱离的人们，搬迁后的生活境况又如何呢？在城市更新启动之前，他们是否先搬进临时住所，然后，搬进了明亮、崭新的新屋呢？或者，他们被迫在城市其他地区寻找安身之所？这是好事还是坏事呢？让我们按次序对这些问题进行检查。

1950 年，在实施城市更新计划后的第二年，在全美大约有 1850000 套危旧房。统计局曾收集了其中 1540000 套危旧房的月租金数据，并且发现 90% 危旧房的月租金不足 40 美元。危旧房月租金的分布曲线，详见图 4.1。从图 4.1 中可以看出，分布曲线明显向左侧倾斜，即绝大多数居住在危旧房中的租客只需支付很少的月租金。自然，这些租客的收入水平也很低。1950

年，在居住在危旧房中的家庭和单身人士中，年收入不足1000美元的占到了77.6%。[10]因此，符合逻辑的判断是，在1950年，绝大多数居住在危旧房中的租客只需支付很少的租金，且也只能支付这么少的租金。

联邦城市更新计划的针对对象是城市“衰败”地区。城市“衰败”地区也就是绝大多数穷困居民居住的地区。因为资料有限，无法得出居住在衰败地区的租客的月租金的精确答案。但是，可以假定租客的月租金相对较低。而且，虽然图4.1的数据有些保守，但图4.1的租金分布曲线给我们提供了一个关于他们月租金的有效指标。举例而言，在市政府的要求下，波士顿城市更新管理局在1962年公布的一份报告显示，再安置人群所支付的月租金略高于40美元。在纽约大街更新项目、西角（West End）更新项目、惠特尼大街更新项目中，共有8508个单身人士和3203个家庭被迫搬迁。这些再安置人群所支付的平均月租金是42.96美元，分布在南角（South End）项目的41美元至惠特尼大街项目的47.47美元之间。再安置人群的平均年收入略大于3000美元。[11]

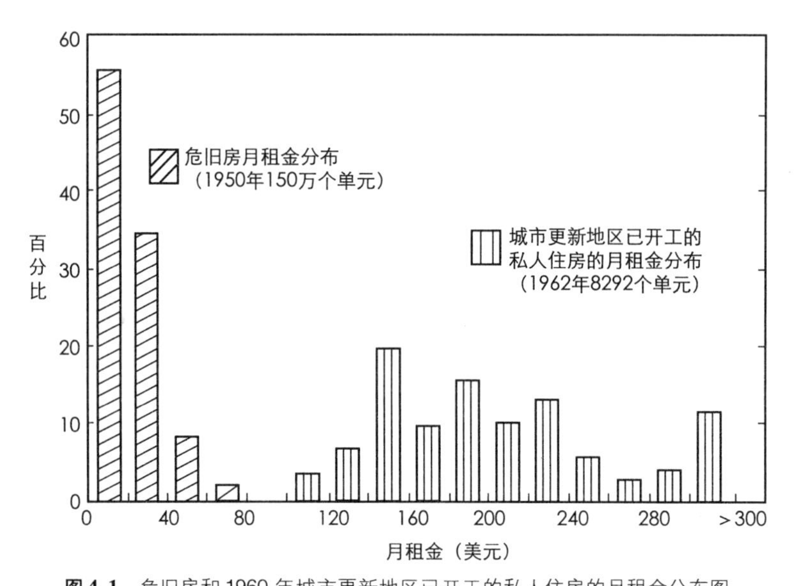

图4.1 危旧房和1960年城市更新地区已开工的私人住房的月租金分布图

资料来源： Bureau of the Census, *U.S. Summary: 1950*, "Renter-Occupied Units — Dilapidated," Table A-2, pp. 1-4; *16th Annual Report*, 1962, Housing and Home Finance Agency, Washington 25, D. C., p. 125, and Table III-84, p. 133.

由于数据不全，我们无法准确掌握平均月租金额，但这并不影响我们作出合理的假定，即居住在衰退地区的人们的月租金一般不超过50或60美元。当然，自然存在例外情况；但是，可以认定，被迫搬迁的人具有以下两个特征：

1. 他们的收入相对较低；

2. 他们的房租相对较低，且他们只能支付或不愿支付更高的房租。

再安置人群是否能搬回他们的老旧街区了呢？法律上并无规定说他们不得回迁。唯一的问题是他们是否仍负担得起？在清理后的城市更新地区会开发两类新建筑：私人住房和公共福利房。在1950—1960这十年间，将近25000套私人住房单元和3000套公共住房单元在原城市更新地区建成。[12]绝大多数的私人出租房是高层公寓，并且月租金很高。虽然我们没有这些新住房单元的月租金方面的全面数据，但毫无疑问的是，相对于原先旧住房的月租金而言，新住房单元的月租金是相对较高的。经联邦住房管理局认定，1957年城市更新地区的私人住房单元的平均月租金为124美元。1960年，这一数值上升为158美元。[13]1962年，联邦住房管理局认定，有8292套私人住房单元位于城市更新地区。这些住房单元的月租金在100—360美元之间，月租金的算术平均是195美元。关于这些住房单元在1962年的月租金分布情况，详见图4.1。

当我们将上文所估计的再安置人群的收入水平和原平均月租金与更新后平均月租金进行比较，我们可以清晰地看到，几乎所有的再安置人群都无法承受城市更新后的月租金。当然，存在部分有公共财政补助的住房单元，但是仅仅3000套左右的公共住房单元远远无法满足几万家庭的住房需求。联邦城市更新计划所导致的人口空间再分配，从任何实际角度而言，都是长久性的。

如果绝大多数城市更新项目所导致的再安置人群无法搬回至他们原来的旧居住区，显然，他们不得不在别处寻找新的住房。那么，他们的居住条件是得到了改善，还是变得更加恶劣？这一问题很容易就能得到解答，但是，因为没有足够的信息，这个问题至今还没有答案。根据政府部门的相关研究，绝大多数再安置人群在寻找合适的住房方面没遇到多少麻烦，且他们的住房条件有了长足的改善。而私人研究则对此持怀疑态度。那么，让我们首先来检查一下私人研究。

1961年，南加州大学公共管理学院完成了关于城市更新再安置问题的研究。这项研究遍及41个城市，历时4年，采用了包括调查问卷、个人采访、补充信函等手段，对象包括了47282个家庭——其中24475个家庭来自4个百万人口级数城市；9744个家庭来自9个50—100万人口级数城市；13063个家庭来自28个10—50万人口级数城市。

该研究表明，城市政府对再安置家庭的援助存在显著差异。

"所有被调查的城市都显示，联邦的相关规定和城市的相关承诺，很少真正得到执行。大多数的城市政府给人的普遍感觉是冷淡的、麻木的。

在超过半数的社区中（26），再安置者收到了油印或打印的小册子。册子上面有着详细的社区清空时间、建筑拆迁时间、拟建用地性质等。除了少数1—2个例外，拆迁部门让再安置者尽其所能的去寻找适合的再安置住房。

只有约三分之一的社区（15）表明，再安置家庭找到了具有竞争力的再安置住房……"[14]

有鉴于此，该研究得出，在绝大多数的城市，在没有再安置机构的指导或建议的前提下，再安置人群凭借自身的努力找到了住房。研究认为，之所以如此，不是因为政府拒绝提供帮助，而是因为再安置工作是在按照联邦相关规定中最低承诺标准执行。

该研究的最主要推力直接源于对再安置人群当前的居住质量的关注。研究显示，有相当比例的再安置者凭借自身的努力找到住房，但是，大多数住房质量是不符合标准的。在有地方更新机构帮助的再安置人群中，虽然非标准住房比例要低一些，但数量仍然很大。

……在人口过百万的城市中，只有25.9%的再安置家庭搬进了再安置机构推荐的住房。

依据每个社区再安置机构的工作人员评估，推荐的住房中30%是不符合标准的。可是，考虑到存在大量未知或未检其新迁地址的家庭（大致占总数的15%），在自我安置的家庭中，居住在非标准住房的比重占到了90%左右。[下划线上文字系作者明示]

……值得注意的是，中等人口规模的城市（500000—999999）表现出了较为相似的结果。虽然接收政府帮助的再安置家庭和自我安置家庭之间的比例要高出大城市（51%）。但是，非标准住房的比值却是基本一样的。

……甚至，在小城市中，情况也基本如是。[15]

该研究表明再安置人群当前所支付的平均住房租金要比搬迁之前高一些。但我们无法获得关于再安置人群在安置前后的住房租金差距方面（增加或缩减）的准确数据，因为绝大多数再安置人群的相关数据并不存在。但是，该研究收集的另一些信息却表明了正在发生些什么：

在三个人口超过百万的城市中，以986个再安置家庭为样本（占所有回迁家庭的4%），由政府提供帮助的342户再安置家庭平均月房租上升了7美元左右；其余自助安置家庭的平均月房租上升了11美元。在芝加哥，在1953—1954年间的再安置家庭中，临时棚户的每月房租平均上升了30美元；标准住房上升了68美元，非标准住房上升了57美元。在费城，关于145户再安置家庭情况的文件显示其前后差距并没有如芝加哥那般悬殊。其中，由政府提供帮助的45户再安置家庭平均月房租只是上升了3美元左右，100户自助在安置家庭上升了5.25美元左右。[16]

其他私人研究和报纸导报揭露的特定社区中存在着类似的问题。私人资助的研究通常表明，城市更新所导致的再安置人群倾向于搬迁到与更新地区住房质量类似的住房中。另外，他们一般需支付比以前更高额的月租金。在绝大多数的案例中，城市更新使得他们的生活更窘迫了，而不是缓和了。

但是，故事的另一面同样需要进行仔细检查。城市更新管理局就再安置情况向全美的地方更新机构展开了调查，并出版了调查报告。根据联邦政府对再安置情况的调查报告，再安置者的生活比原先更幸福。

城市更新管理局关于城市更新导致的再安置人群的基础资料是通过以下手段获得：

任何一个存在城市更新导致的迁移家庭的社区都要求进行采访并记录下每个搬迁家庭的再安置信息。一旦因为城市更新的需要征收了某社区内的住房，相关家庭的再安置情况就需记录下来。记录内容包括了再安置家庭的特征、他们对再安置住房的需求，以及对再安置提供的援助、他们搬进的住房类型等。以这些记录为基础，每个社区向城市更新管理局递交一份关于再安置进度的月度报告。月度报告将每季度进行汇总整理。汇总数据反映了全美城市更新地区的再安置情况……再安置者搬进的住房按社区进行调查[下划线上文字系作者明示]，并根据再安置计划中划定的再安置标准进行分类。再安置计划由地方更新机构制定，并经我们审批通过，以作为我们批准贷款和补助协议的依据。[17]

联邦政府的报告认为，截至1961年12月31日，城市更新导致的再安置人口已经超过12.7万家庭。其中，近80%的家庭搬进了标准住房中。其余20%或是搬到了其他城市，但他们的新地址不可知；或是搬到了非标准住房中，并拒绝地方政府提供进一步援助。[18]在1963年

3 月 31 日出版的报告中，再安置人口上升到了 15.3 万家庭，搬进标准住房的比例仍然维持在 80% 左右。[19]

显然，在政府报告和私人研究之间存在着巨大的分歧。为什么呢？可以分歧原因简化为：既然所有的研究都集中在同一些再安置者，以及他们搬进的是同一些住房，那么，分歧产生的原因只能是他们对住房评估标准不同。有效解决这一问题的唯一方案是，对原居住地和新居住地的住房质量都统一采用统计局的官方数据。但在目前，这一方案并不可行，因为这将耗费大量资金和时间。当前，我们所能做的最有价值的工作是对为什么存在这一分歧进行推理研究。

在联邦政府使用的数据中，核心问题在于，决定住房是否符合标准的决定权完全掌握在地方政府官员手中。一个志在加快城市更新项目进度的官员，可能倾向于住房高标准化，以谴责城市部分地区的衰退，其后，反过来，采用住房低标准化对再安置人群的当前住房质量进行评估。只要联邦政府的报告继续采用地方自由裁量的标准，而不是更客观的、前后一致的统计局的官方数据，那么，联邦政府的报告无疑会得出有较高比例的再安置家庭搬进了标准住房这一结论。

超过 80% 的再安置人群搬进了标准住房的结论与其他相关的事实不相符合。如这些再安置人群是穷人，他们中的大多数是黑人和波多黎各人。但高质量又地段便利的住房是稀缺资源。高质量、地段便利又月租在 50—60 美元的住房更是基本不可能存在。很难想象，成千上万的低收入者（他们中的大多数还遭受着种族歧视），能从低质量住房搬进在他们可承受范围之内的高质量住房。如果这种情况存在，那么，人们不得不问，如果真的存在低租金的高质量住房，他们为什么不在城市更新之前就搬进去？

因为再安置人群中存在大量的黑人和波多黎各人，使得再安置问题变得更加复杂化。黑人和波多黎各人在再安置人群中占到了很大比重。根据联邦政府的报告，1957 年中他们占了总数的 76%，1960 年是 71%，1961 年是 66%。[20]虽然其比例在逐渐下降，但仍达到再安置人群的三分之二。正因为此，城市更新计划有时被视为“黑人清理”运动，其目的在于创造或保护白人中产阶级街区。[21]

联邦城市更新计划产生的最严重后果之一是，其对低租金住房的供给产生了不良结果。恰恰与大众观点相反的是，联邦城市更新计划实际上使得城市贫穷者的居住条件更加恶劣。

在城市更新中，拆除通常要早于建设，且大部分被拆除的建筑物是住房。截至 1961 年 3 月 31 日，有 415 个更新项目上交了他们详细的拆迁计划。根据这些计划，215310 套住房单元将被拆除。其中，326 个更新项目已经启动拆迁工作，而且，截止报告时间，超过 126000 套住房单元已经被拆除。大多数住房单元的质量较差，其中 101000 套住房单元被地方更新机构中的官员划定为非标准住房，只有 25000 套住房单位被划定为标准住房。[22]需注意的是，被拆除住房的质量情况是由地方更新机构认定的，即划定标准可能与联邦统计局所依据的标准不相一致。事实是，为了防止公众对拆除大片标准住房所可能采取的反抗行为，在评估过程中，地方官员可能故意对住房高标准化。虽然无人能证明这点，但是，关于非标准住房的数量存在被高估的假定是合理的。即使认同地方官员的评估结果，仍然有大量的标准住房被摧毁。

因为这 126000 套住房单元处于城市的衰退地区，可以想象，与其他地区的住房租金相比，更新地区住房单元的月租金相对较低。因此，截至1961年3月31日，联邦城市更新计划已经拆除的是住房供应市场中的126000套低租金住房单元。虽然大部分住房单元的居住条件相对较差，但不可回避的是，他们为房客提供住房。现在，让我们来看看，联邦城市更新计划中新建住房数量和质量。

因为尚未出版城市更新地区新建筑数量方面的数据，因此，我们必须要进行合理估算。截至1961年3月31日，大致有4.62亿美元用于城市更新地区的私人住房建设。关于住房建设质量方面的估算原理，详见本书第六章。同时，根据1960年联邦住房委员会公布的城市更新按揭贷款额度标准，住房单元的平均按揭贷款额度是14484美元，平均按揭贷款额度和预估再安置费用间的平均比率是88.6%。[23]换句话说，平均抵押贷款额是14484美元，大致是预估再安置费（即16346美元）的88.6%。

关于新建设的私人住房数量的估算值，可以通过私人住房建设总额度（即4.62亿美元）除以联邦住房委员会的预估再安置费用（即16346美元）获得。根据这一计算公式，新建设的私人住房数量大致是28200套。我们无法获知，截至1961年3月31日，这28200套私人住房单元中有多少已经完成。但是，如果我们的估算方式正确，那么已建设完成的私人住房数量肯定少于28200。举例而言，如果我们乐观估计已经有75%已经建设完成，那么，就等于已建成21000多套私人住房单元。如果我们再乐观些，那么，可能只有25000个私人住房单元已经建成。虽然，我们无法准确估算已建成的住房数量，但我们肯定，已建成的私人住房数量位于20000—30000套之间。

在城市更新地区同样存在少部分公共住房。截至1961年3月31日，估计有5000万美元用于公共住房建设，如果我们相对保守，假定公共住房的平均造价是12500美元，那么，将近有4000套公共住房单元的新建设。如果我们乐观估计有75%已经完成，那么，截至1961年3月31日，将近3000套公共住房单元已经建成。

现在，让我们计算总和。截至1961年3月31日，联邦城市更新计划拆除了25000套标准住房单元，同时，建成了将近28000套新住房单元。在新住房单元中，近25000套是私人住房单元，3000套是公共住房单元。被拆除的住房大多数位于城市衰退地区属于低租金范畴，新建成的住房绝大多数属于高租金范畴。同时，依照地方官员的标准，联邦更新计划拆除了101000套非标准住房单元。总而言之，被拆除的住房数大致是新建成住房数的4倍。同时，因为拆除总是要早于新建设一段很长的时间，所以，随着城市更新计划的继续扩张，住房的拆除速度仍将大于新建设速度。在现如今的城市更新模式下，只有城市更新停止扩张后，新建设量才有可能与拆除量持平。

更重要的是，联邦城市更新计划拆除了126000套低租金住房单元，且其中的80%左右被认为是非标准住房单元。取代他们的只是28000套住房单元，其中的绝大多数属于高租金范畴。因此，联邦城市更新计划的净效果是：恶化了低收入群体的住房情况，缓和了高收入群体的住房情况。虽然与美国家庭总量相比，受更新计划影响的家庭数并不多。但重点是联邦城市更新计划的价值指向存在严重问题。联邦城市更新计划恶化了它试图解决的问题：减少低收入家庭的住房供给数量，增加高收入家庭的住房供给数量。

虽然，绝大多数的城市更新计划以住房建筑为主，但是，通常也包括相当比重的商务企业。位于城市衰退地区的商务活动，范围涵盖了小至一个人的办公室大于几百个员工的企业。至今，尚没有关于受联邦城市更新计划影响的商务人数的准确数据，但所有的指数都表明人数很多。零售商务管理局所资助的一份研究认为：

据估算，在650个更新地区，有超过100000家商务公司……而1959年12月31日拟再安置的这100000家商务公司，仅仅是更新计划的开始……

……新的更新项目正在快速增加。虽然没有准确的预测，但是在1960－1970年间，至少将两倍于当前计划或已经开始再安置的100000家商务公司[24]（下划线上文字系作者明示）。

绝大多数被再安置的商务公司是零售业。他们缺乏一定的经济规模，财政困难导致公司搬迁后问题多多。[25]企业的雇员数很少会超过5人，且这些企业通常是服务业公司，如食品店、吃饭喝酒的地方、个人服务机构等。[26]

1961年12月31日，根据城市更新管理局报告，全美总25906家商务公司被征用。截至报告日，将近83%的商务公司已被要求搬迁。[27]随着城市更新计划的进一步扩张，这一数据将继续增长，相信不久后搬迁企业总数就将超过100000家。

1956年的住房法案允许地方更新机构给予再安置企业不超过2000美元的“再安置费”，用以补偿企业的搬迁费用和财产损失。1957年的住房法案，将这一标准提高到了2500美元；1959年的住房法案再次将标准提高到3000美元。1961年的住房法案规定，即使企业实际的搬迁费用超过了3000美元，再安置费仍可等于企业的实际搬迁费用。[28]

同样需要指出的是，再安置费是由地方更新机构发放的，发放标准和范围也是由地方更新机构决定。[29]

如同再安置家庭一般，许多再安置企业没有获得任何的再安置费。获得再安置费的企业的平均补助远少于允许的最高补偿费。截至1961年12月31日，21439家再安置企业中只有59%的企业获得了再安置费。获得再安置费的企业平均补助是1090美元——不是3000美元。这充分说明，相当数量的再安置企业，在丧失了私人财产权的同时，还不得不自我承担部分的私人财产损失。[30]

当企业被迫搬迁时，发生了什么呢？他们是否仍然继续进行商务活动？他们搬到了什么地方？根据零售商务管理局的研究，城市更新地区的大部分企业根本没有进行再安置，他们或者破产或者消失了。

零售商务管理局的研究表明，企业的死亡率极高。在14个城市的21个城市更新项目中，2946家企业中的756家或者破产或者消失了。根据这一研究，我们可以得出这样的结论，在城市更新地区，差不多每4家企业中就有1家企业将停业。[31]

其他研究显示，情况可能更糟。在布朗大学一份长达550页的研究中，研究人员发现，在罗得岛普罗维登斯的城市更新地区，40%的商务活动消失了。

研究进一步指出，除了极少数例外，那些重新进入劳动力市场的原破产企业的雇员收入出现了下降。同样，另一份由国会图书馆作出的研究得出，城市更新项目“正在摧毁零售商务活动以及相关工作，进一步恶化了失业问题。”[32]

极少数再安置企业重新搬回了城市更新地区。在被迫搬迁之前，他们通常只需支付比城市其他地段的竞争者更低的租金。平均租金率通常不足其他地段的一半。[33]而租金率在“已更新地区”通常要比原先高出许多。虽然根据地方官员的再开发计划的要求，再安置企业普遍拥有优先选择权。但是，极少的企业真正使用了优先选择权。对4个城市中的1142家再安置企业的样本研究表明，只有41家，或说3.6%的企业真正迁回城市更新地区。[34]

根据零售商务管理局的研究，大多数再安置企业迁到了原地址的附近地段，但支付的租金是原来的2倍。

再安置商务企业几乎都在同一城市内进行再安置。再安置者中将近75%迁回到离原地址800米范围内的街区；将近40%迁回到离源地址400米范围内。他们通常占据了与之前相同的楼层面积（少于他们表示想要的或需要的），但是他们的每平方英尺租金至少是之前的2倍（远高于他们表示能承受的或愿意承受的）。[35]

城市更新计划的这些副作用已经招致零售从业人员的怨恨。他们已不愿再被摆布。曼哈顿西区一家小糕点店的老板沃达斯（Vadasz）先生的看法具有一定典型性：

我在这里已经超过9年了。我和我妻子像牛马般每日在这里劳苦工作近12—14个小时。但是，现在他们一来就把我们踢走了。[36]

注释

1 *Urban Renewal Project Characteristics*, Urban Renewal Administration, Washington 25, D. C., December 31, 1962. Table 3, p. 9.

2 Reynolds, Harry W., Jr., "What Do We Know About Our Experiences with Relocation?", *Journal of Intergroup Relations*, Volume 2 (Autumn 1961), Table II, p. 344. (Based on a study of 31,687 displaced families and 12,871 displaced individuals in 41 United States cities. These cities included New York, Chicago, Philadelphia, Detroit, St. Louis, Baltimore, Minneapolis, Washington, D. C., Pittsburgh, Boston, Milwaukee, Buffalo, San Francisco, and 28 smaller localities.

3 *Statistical Abstract of the United States*, U.S. Department of Commerce, Washington 25, D. C., 1961.

4 *Relocation from Urban Renewal Areas* (through December 1961), Housing and Home Finance Agency, Urban Renewal Administration, Washington 25, D. C., Table 11, p. 19.

5 "News," Urban Renewal Administration, Washington 25, D. C. HHFA-URA-No. 62-319, June 7, 1962.

6 *Ibid.*

7 *Relocation from Urban Renewal Project Areas* (through June 1960), Housing and Home Finance Agency, Urban Renewal Administration, Washington 25, D. C., p. 14.

8 *Relocation from Urban Renewal Project Areas* (through December 1961), Housing and Home Finance Agency, Urban Renewal Administration, Washington 25, D. C., p. 9.

9 *Ibid.*, Table 14, p. 22.

10 U.S. Bureau of the Census, 1950, Volume II, *Nonfarm Housing Characteristics*. Part 1. *U.S. and Divisions*. Table A-4.

11 *The Boston Globe*, February 13, 1962, a.m. edition, "Boston Renewal So Far: High Rents Replace Low," by William H. Wells, p. 1.

12 The estimates of new dwelling units are developed later in this chapter.

13 *14th Annual Report*, 1960, Housing and Home Finance Agency, Washington 25, D. C., p. 142.

[14] Reynolds, *op. cit.*, p. 345.
[15] *Ibid.*, p. 351.
[16] *Ibid.*, pp. 352, 353.
[17] Letter received from William L. Slayton, Urban Renewal Commissioner, October 21, 1963.
[18] *Relocation from Urban Renewal Project Areas* (through December 1961), Housing and Home Finance Agency, Urban Renewal Administration, Washington 25, D. C., p. 7.
[19] "Summary of Relocation Activity through March 31, 1963," Urban Renewal Administration, Washington 25, D. C. Enclosure in letter from William L. Slayton, Commissioner of Urban Renewal, October 21, 1963.
[20] *Relocation from Urban Renewal Project Areas* (through December 1961), Housing and Home Finance Agency, Urban Renewal Administration, Washington 25, D. C., Table 2, p. 11.
[21] Rossi, Peter H., and Robert A. Dentler, *The Politics of Urban Renewal*, New York, The Free Press of Glencoe, Inc., 1961, p. 224.
[22] *Physical Progress Quarterly Reports* (unpublished), Urban Renewal Administration, Form H-6000, Washington 25, D. C., March 31, 1961.
[23] *14th Annual Report*, 1960, Housing and Home Finance Agency, Washington 25, D. C., Table III-62, p. 134.
[24] Kinnard, William N., Jr., and Zenon S. Malinowski, *The Impact of Dislocation from Urban Renewal Areas on Small Business*, Prepared by the University of Connecticut under a grant from the Small Business Administration, July 1960, pp. 2, 3.
[25] *Ibid.*, p. 3.
[26] *Ibid.*, p. 75.
[27] *Relocation from Urban Renewal Project Areas* (through December 1961), Housing and Home Finance Agency, Urban Renewal Administration, Table 12, p. 20.
[28] *Ibid.*, p. 21.
[29] Kinnard and Malinowski, *op. cit.*, p. 5.
[30] *Relocation from Urban Renewal Project Areas* (through December 1961), Housing and Home Finance Agency, Urban Renewal Administration, Table 12, p. 20, and Table 14, p. 22.
[31] Kinnard and Malinowski, *op. cit.*, pp. 44, 45.
[32] *Washington Report*, Chamber of Commerce of the United States, Washington 6, D. C., December 20, 1963.
[33] Kinnard and Malinowski, *op. cit.*, p. 75.
[34] *Ibid.*, p. 63.
[35] *Ibid.*, p. 75.
[36] Penn, Stanley W., "Many Firms Evicted by Federal Projects Face Relocation Woes," *Wall Street Journal*, January 9, 1962, p. 1.

第5章　土地闲置

你想要停留在同一位置，
就得尽力跑；
如果你想到达某处，
你至少要跑快两倍。
红心皇后
《穿越镜子》

与城市更新计划相关人士大都会故意忽略的事实是更新项目的时间跨度。在联邦城市更新计划主导下，一幢新建筑在某一地区建造完工的时间跨度是长久得让人沮丧的。人们在阅读地方规划师和官员在报纸上的公告时，通常会有这样的印象：城市更新推进过程是艰难的，但是，只要大家能同心协力且有一些好运气，那么，明净的新建筑只需两三年内就能耸立起来。

对城市更新计划从1949年实施以来至1961年3月期间的实践的深入研究表明，城市更新项目的完工大约需要12年时间。当然，因为项目的大小、所处的城市或其他原因的不同，实际的完工时间会有所变化。但是，更新项目需要耗费大量时间这一事实是明显无误的。即使我们乐观地对这一估计进行修正，一个上规模的城市更新项目所需时间也不可能少于10年。

任一关于城市更新计划的评估都会列举出将城市更新项目周期考虑在内的多个原因。第一，建筑被拆除后产生的次生结果。建筑被拆除后，其房产税也随之消亡。在新建筑建成之前，政府都无法收到房产税。因此，这意味着政府房产税源的减少。城市更新的支持者，通常会觉得这些事实很难直接面对并加以讨论，但是，这些事实非常重要的。如同我们将在第十章中指出，土地空置期间所导致的房产税损失是联邦城市更新计划没有产生当初预估的显著性税赋增长的主要原因。

另一个原因是时长。因为我们需客观了解城市更新计划会对城市更新地区的民众产生怎样的影响。一部分再安置者应能搬回城市更新地区新建的公共住房中，但公共住房占了新建筑总量的6%左右。且公共住房的实效取决于从再安置家庭搬离他们的旧房屋之日起到他们能搬回公共住房的那天为止总共需多少时间。在这期间，他们必须生活在其他地区。对再安置家庭而言，这一时间间隔越长，住房的有效供给性就越低。

住房供给中最明显的变化发生在私人住房中。随着城市更新地区旧建筑被拆除，减少的城市住房供给几乎全是低租金的公寓和住房。在住房供给的实效方面，新建筑与旧建筑完全不对等。新公寓的平均月租金是195美元，其中，相当部分的月租金甚至超过了360美元。显然，原先居住在城市更新地区的家庭几乎不可能再迁回去。这其中也许正在产生人口的空间再分布过程。即随着较高收入人群搬进城市更新地区，其原先居住的中产阶级公寓将会出现较高的空置率；所以，低收入人群会搬进高收入人群原先居住的公寓。进而，中低收入人群的公寓将可能被再安置者家庭占据。但是，现在仍不可知这一过程到底能产生多大的实效。而且，任一事件总是需要花费大量的时间。这一过程的净效果是：低租金住房供给量发生减少，高租金住房出现增长。这一现象，将因为联邦城市更新计划内在的时间滞后性而不断加剧。

这些原因直接关系到我们对城市更新计划自身的理解。从理论上而言，城市更新的目的是为了解决某一普遍存在的特定问题。但是，如果城市更新计划需要花费 10、12 甚或 20 年时间来完成，那么，极有可能，更新计划试图加以缓解的问题的实际情况早已经发生了变化。1940 年时谁能预见到今后 20 年间住房会发生巨大进步？1950 年时谁能预见到 1960 年美国的标准住房供给将增加 63%——1830 万套标准住房单元？考虑是否批准项目实效需要 10—20 年后才能显现的某一更新项目时，谁又能忽视住房供给正在发生的快速变化？答案是当然不能。我们不得不发问：联邦城市更新计划的原则，这一为了适应 20 世纪 50 年代的住房实际情况而设立的原则，在今日是否仍然有效，这一原则在 1970 年或 1980 年是否仍然有效？有鉴于此，我们必须清楚知道一个城市更新项目的完成时间到底需多久。

想要准确计算出城市更新项目所需时间非常困难，因为城市更新计划才存在了相对较短的时间。虽然更新计划早在 1949 年就已存在，但因为城市更新项目所需时间是如此之长，所以至今为止，只有少部分项目已经完成。基于这一原因，我们需要依赖于理性估算。在大多数项目中，估算结果的准确性依赖于对未来情况的预测的准确性；而这又有很大的主观性。但是，虽然对未来情况的预测存在一定的不准确性，但其所勾画的整幅画面是清晰的、也是有序拼合的。

为了较易理解将涉及哪些因素，我将城市更新计划划分为两个阶段：规划阶段和实施阶段。规划阶段包括了项目实际执行之前的所有必要活动。在城市更新项目的规划阶段所涵盖的主要活动，包括了：

1. 划定城市更新地区的范围；
2. 判断该城市更新项目是否符合联邦、州、地方法律；
3. 准备项目的详细规划、成本估算和时间进程表；
4. 估算该项目是否经济上合理，即预期的收益大于估算成本。

实施阶段包括了执行规划阶段制订的详细计划的各类活动，主要包括：

1. 通过协商或征用权的方式征用土地和建筑；
2. 对生活在城市更新地区的家庭进行疏散和再安置；
3. 拆迁建筑并清理建筑垃圾；
4. 通过修建街道和下水管道及安置路灯等必要设施等方式改善土地条件；
5. 建造公共设施，如公园、学校、图书馆；
6. 通过协商或拍卖的方式向私人开发商出售熟地；
7. 建造居住、商业、工业等各种功能的新建筑（同一时间，可能一些公共设施也在建造）；
8. 对一些未拆除建筑进行修缮。

这些活动基本按照上述所列的次序先后开展，但是，其中的许多活动在时间上存在交叉。

举例而言，新建设可能在土地尚未全部清理或出售之前就已启动。其中的一些活动在一些更新项目中并不重要，甚或不存在。建筑修缮是少数项目的主要内容，但在绝大多数项目中根本不存在建筑修缮。因此，在讨论一个更新项目规划阶段或者实施阶段的平均时长时，我们实际上是在讨论大量不同项目的平均值；我们只有对全美的更新项目有着清楚认知的前提下，估算平均值才有意义。

规划阶段

在这一阶段，我们需要估算城市更新项目的规划编制时长，以及规划编制时长受更新项目规模大小的影响程度。我们也将分析，随着人们对城市更新计划运行情况的进一步深化了解，规划编制时长又发生了哪些变化。

截至1961年3月，总共有958个城市更新项目的规划编制已经完成或尚在规划编制阶段。其中，规划编制已完成的占了一半有余——491个项目已完成规划编制，另有467个项目尚在规划编制阶段。[1] 首先，让我们对已完成规划编制的491个项目的实际情况进行分析。规划编制的起始时间和完工时间可从城市更新项目名录办公室获得；规划编制时长可通过完工时间和起始时间相减获得。不难想象，各更新项目的规划编制时长不一。事实上，加利福尼亚州的某个更新项目在规划编制阶段花费了将近10年时间。

规划编制时长的平均值出于意料的高——2年11个月左右。而且，这一平均值的估算是偏低的，因为我们只包括了规划编制已完成的项目，但却将规划编制已历经多年但是仍未完成的项目排除在外。自然，这样计算得出的平均值肯定是低于其实际情况的。

我们能否修正这一平均值？答案是不完全能够。但是，如果我们将统计对象改为那些大多已完成规划阶段的早期更新项目的话，那么，我们将能获得一个更为准确的数据。事实上，如果我们检查一下所有年份中新设立的城市更新项目，并统计已完成规划阶段的更新项目与历年新设立的城市更新项目的比例，不难发现这一事实：在早期设立的项目中，已完成规划阶段的项目比例极高；但是近些年才新设的项目中，已完成规划阶段的项目比例出现了急剧下降。因此，如果我们只是使用早期项目进行统计，那么我们得到的平均值就将更为准确。事实上，截至1961年3月，所有1957年前设立的项目都已经完成了规划阶段。这些项目的规划阶段的平均值大致是3年5个月——比我们之前统计的平均值约长6个月。1957年前设立的项目总数是355个。

在1950—1956年间设立了25个项目，但项目上报的规划编制时间和实施时间相同。因为无法得出其规划编制时间，所以这25个项目被排除在统计范围之内。将这25个项目排除在外，并不会对统计结果产生较大的影响；即使我们假定这25个项目的规划编制时间为零，平均值也仅仅从3年5个月下降到3年2个月。

随着人们对联邦城市更新计划的认知不断加深，或从其他城市学得了相关的经验，规划编制变得更为高效、耗时更少。将历年新设的项目进行编组统计其规划阶段的平均值时，可以明显看出这一趋势。例如，我们发现，1955年新设项目在规划阶段的平均值要低于1950年的平均值。历年新设项目在规划阶段的平均值，请详见图5.1。对图5.1进行检查，不难看出，规

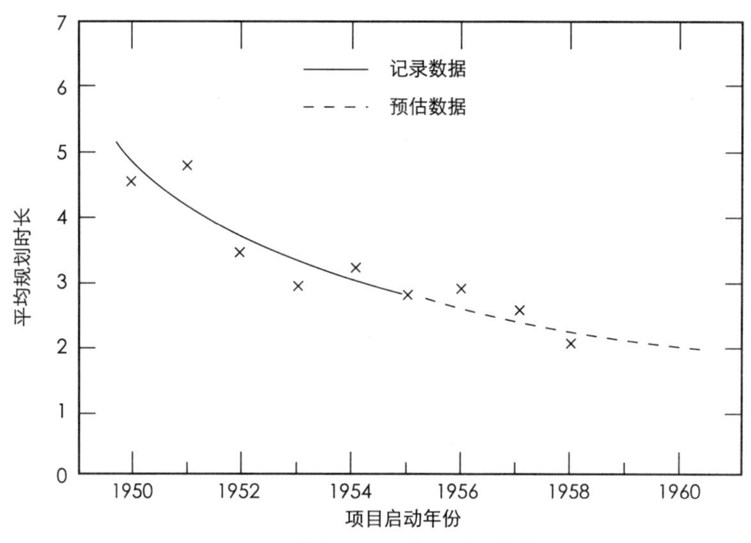

图 5.1 历年新设项目的平均规划时长

资料来源：*Urban Renewal Project Directory*, Housing and Home Finance Agency, Urban Renewal Administration, Washington 25, D. C., March 31, 1961; 365 projects reporting.

划阶段的平均值正在逐年下降并正在趋于平稳。这一现象在许多新项目中十分突出；刚开始时，效率的大幅提高非常简单，但随着效率的提高，想要更进一步就变得越来越难。

在图 5.1 中，1956、1957、1958 年的平均值采用了估算值。1955 年后设立项目的平均值极难计算。因为，在本次研究进行时，只有极少数的项目已完成规划编制。但是，因为在 1956—1958 年间，已完成规划编制的项目比例仍相对较高，所以仍有可能估算出一个相对准确的平均值。（详见附录 A 中的表 A.10）。至于 1958 年后才设立的项目，因为已完成规划编制的项目极少，所以任何估算都将极不可靠。正因为此，在估算时，范围只是限定在 1956、1957、1958 这三年。[2]

虽然，规划阶段的平均值数据让我们对规划编制时长有了一个较为客观的认识。但是，如果我们想要掌握规划编制时长的总体情况，我们仍然需要了解规划编制时长的总体分布情况。是否因为一些实施极差的项目抬高了规划阶段的平均值，以至于我们计算所得的规划编制时长是个歪曲的结果？是否大多数项目的规划编制时长集中在某一区间，或规划编制时长较为均衡的分布在从几个月到 9 或 10 年的范围内？为了回答这些问题，我制作了 355 个项目的规划编制时长分布图，详见图 5.2。为了消除前面已经提及的规划编制时长偏低的误差，将 1956 年后新设项目排除在外。分布图采用了柱状图的表达方式。项目按照规划时间的长短进行编组，各规划时间段的项目个数可从分布图中获知。其中，出现次数最多的规划时间是 3 年，共有有 91 个项目。分布图清晰的反映了规划编制时长较为均衡分布的情况，绝大多数项目的规划编制时长分布在 2—5 年的区间。但是，需要注意的是，有相当比重的项目规划编制时长超过了 5 年。从规划技术角度而言，项目的规划编制时长超过 5 年是件让人难以置信的事情。因此，导致规划编制时长滞后的主要原因可能是政治对抗、低效的官僚作风，更可能的是这两者的结合。

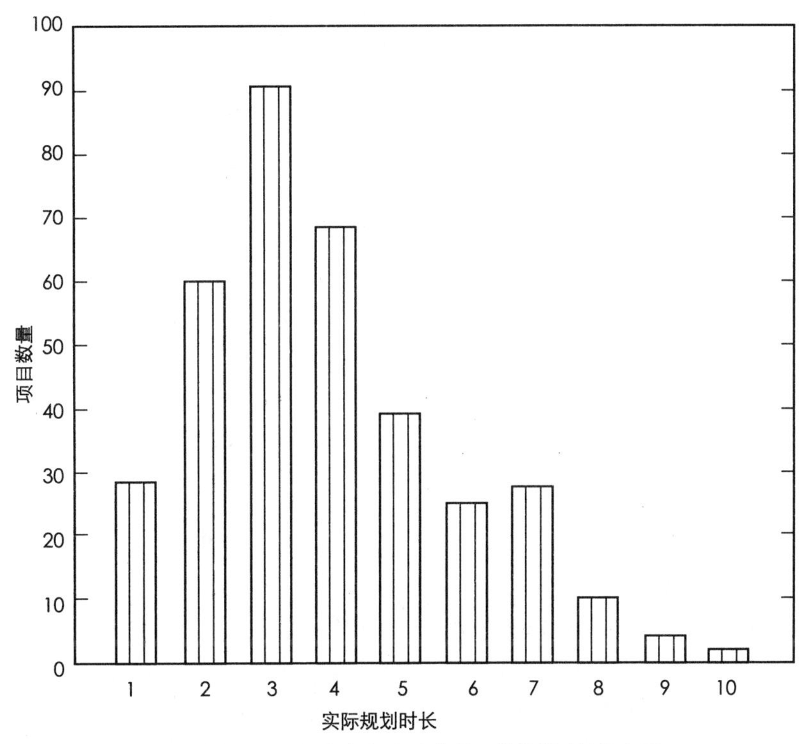

图 5.2 1950—1960 年间 355 个项目的规划时长分布图

资料来源：*Urban Renewal Project Directory*, Housing and Home Finance Agency, Urban Renewal Administration, Washington 25, D. C., March 31, 1961; 355 projects reporting.

同样，我们还应检查规划编制时长是否随着项目规模的变化而变化。为了检查这一想法是否正确，根据估算的项目总成本，我们将项目划分为三类范畴，详见表 5.1。正如我们所料，规划编制时长随着项目总成本的增加而增加。总成本小于 100 万美元项目的规划编制时长是 2.58 年；总成本在 100 万—1000 万美元之间项目的规划编制时长是 3.26 年；超过 1000 万美元项目的规划编制时长是 3.52 年。这三个的规划编制时长反映了项目的整体趋势。当然，在这三类范畴内仍存在着项目规划编制时长相差很大的情况。因此，我们无法仅仅根据某一项目的总成本，就准确估算出该项目的规划编制时长。但是，我们可以得出这样论断：大体而言，项目的规模越大，规划阶段的时长就越长。

估算的平均规划时长：以项目总成本划分 **表 5.1**

项目总成本（百万美元）	项目数量	平均规划时长（年）
<1	141	2.58
1–10	284	3.26
>10	59	3.52

资料来源：*Urban Renewal Project Directory*, Housing and Home Finance Agency, Urban Renewal Administration, Washington 25, D. C., March 31, 1961.

实施阶段

在实施阶段，城市更新的实质性影响明显的显现出来。整个社区的人被迫打散并迁移，成百上千的建筑被推土机拆除，甚或，一些新建筑开始建设。城市更新项目实施阶段所需时间要比规划阶段更长些。虽然联邦城市更新计划自1949年就开始实施，但是迄今为止，只有极少的项目已经完成。这一事实使得我们很难准确估算项目实施时长的平均值；正因为此，我们需要进行估算。当然，如果一个项目的规划时间超过了5年之久，那么，我们可以肯定地说，该项目的实施时间将至少需要5年；但还需多少时间才能完成就需依赖估算。

依据什么进行估算呢？幸运的是，每个地方城市更新机构被要求每季上报一次当地项目的进展情况。在上呈的报告中，更新机构的官员们被要求回答大概项目的完成日期。

截至1961年3月，在已上报的423个项目中，有25个项目已经完成，398个项目处于实施阶段。25个已完成的项目的实际实施时长可通过计算求得。398个处于实施阶段的项目，其实施时长通过下述方法估算求得。

首先，计算项目进入实施阶段以来至项目上报时间为止这一期间的已实施时长；

其次，通过利用地方城市更新机构预测的项目完成日期测算尚未实施时长；

第三，对已实施时长和尚未实施时长进行相加，得到总实施时长。

我希望在这里插入一个谨慎的说明——对地方城市更新机构报告的分析表明，绝大多数官方估算的尚未实施时长是过分乐观的。稍后，让我们再来讨论该如何进行修正；可以明确的是，通过上述方法估算所得的时长存在偏低误差。即我们计算得到的实施时长是偏低的。

实施时间的平均值很高——近乎5年4个月；同时，需再次强调是，这其中地方城市更新官员的估算过分乐观。

各项目的估算项目实施时长相差很大，分布区间在1年多至16年之间。虽然通过统计423个项目的估算值求得实施时长的平均值，使我们对实际的实施时长有了个较为客观的认识，但我们仍需对项目实施时长的总体分布情况进行分析，以便排除某些不寻常项目导致实施时长平均值偏大的情况。各项目实施阶段实际或估算的实施时长的分布情况详见图5.3。出现次数最多的实施时长是5年，并且，四分之三的项目的实施时长位于3—7年之间。极少数项目估算的实施时长少于3年，虽然也有部分项目估算的实施时长超过了7年。因此，我们可以清晰看出，实施时长较长是城市更新项目的一般特征，而且，该现象不是由某些不寻常的项目所导致的。

让我们先对实施时长平均值是如何随着年份发生变化的进行分析，然后，再来判断我们能在多大程度上信赖地方城市更新机构作出的估算。所有处于实施阶段的项目，除了那些已经完成的外，根据项目进入实施阶段的年份不同，划分为11个组。最开始的一组是1950年，接下来的9个组分别是1952—1960年（1951年没有项目进入实施阶段），最后一组只包括1961年第一季度进入实施阶段的项目。对每一组进行已实施时长和未实施时长的平均值计算：首先，计算项目进入实施阶段以来至1961年3月为止这一期间内已实施时长的平均值；第二，计算尚未实施时长的平均值。这两个统计结果详见表5.2中的第三列和第四列。将这两个平均值进行相加——已实施时

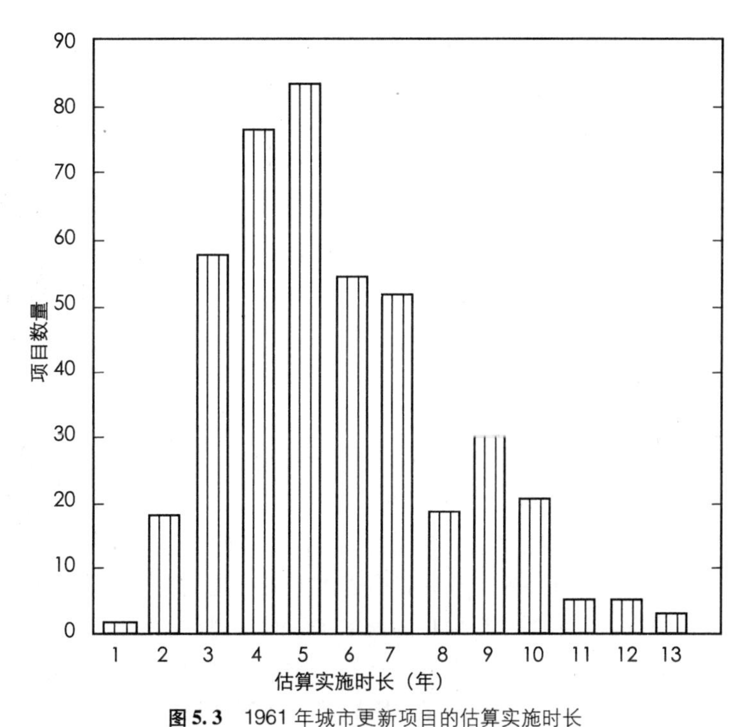

图 5.3 1961 年城市更新项目的估算实施时长

资料来源：*Physical Progress Quarterly Reports* (unpublished), Housing and Home Finance Agency, Urban Renewal Administration, Form H-6000, Washington 25, D. C., March 31, 1961; 423 projects reporting.

长平均值和尚未实施时长平均值—我们得到估算的实施时长。这一统计结果详见表 5.2 中的第五列。请仔细注意，在近几年进入实施阶段的项目中，实施时长出现了急剧的下降，从 12.6 年下降到 3.8 年。这一现象是合理的，或这只是地方更新官员过度乐观的估算？

实际的、估算的、修正后的实施时长明细表：按项目开工年份划分 **表 5.2**

(1) 项目开工年份	(2) 项目数量	(3) 实际平均 实施时长	(4) 估算的尚未 实施时长	(5) 平均总实施时长 （实际 + 估算）	(6) 修正后的平均 总实施时长
1950	4	10.8	1.8	12.6	12.7
1952	11	8.7	1.1	9.8	10.6
1953	10	7.8	1.7	9.5	10.5
1954	12	6.7	1.8	8.5	9.8
1955	16	5.8	1.9	7.7	9.7
1956	20	4.8	1.9	6.7	9.3
1957	49	3.7	1.8	5.5	8.8
1958	74	2.8	2.3	5.1	8.4
1959	95	1.7	2.8	4.5	8.1
1960	87	0.8	3.2	4.0	7.8
1961 *	11	0.1	3.7	3.8	7.7

资料来源：*Urban Renewal Project Characteristics* and *Physical Progress Quarterly Reports* (unpublished), Housing and Home Finance Agency, Urban Renewal Administration, Washington 25, D. C. March 31, 1961.

通过对项目所需实施时长平均值的分析，我们不得不得出这样一个结论：地方官员也许是过于乐观的。已实施时长平均值自然是与实施起始年直接相关。但是，尚未实施时长平均值，如表 5.2 中第四列所示，除了那些 1958 年后进入实施阶段的项目外，却一直保持着惊人的稳定性。那些在 1958 年之前进入实施阶段的项目，无论其是哪一年开始进入实施阶段的，估算的尚未实施时长都不足两年。1958 年后的项目，估算的尚未实施时长则基本上按每年递增 6 个月左右的规律上升。因此，似乎地方官员强烈想要对尚未实施时长进行低估——对于那些已经实施 3 年以上的项目，地方官员似乎倾向于认为两年内就能完成；对于那些实施不足 3 年的项目，估算结果会略有增长。

可以理性的认为，随着更新计划的不断发展，经验的不断积累，项目的实施时长将有所下降。但是却不得不让人怀疑是否可能出现如表 5.2 所描述的那般急剧下降。为了修正地方官员过于乐观的估算，我采用了下述技术手段：首先，我们设定一个极端：自 1950 年以来项目实施时长的平均值没有出现下降，即完成一个项目将花费近 12.6 年的时间。同时，让我们设定另一个极端，即只需要 3.8 年就能完成一个项目。因此，正确的答案极可能就处于这两个极端之间，但我们难以精确知道具体答案。如果说合理的答案将是这两个极端的中间，那难免是过于武断的。根据这一假设，我们对单个项目的尚未实施时长进行了修正。[3] 用修正后的尚未实施时长替换后，实施时长的平均值上升至 8 年 6 个月。修正后的实施时长详见表 5.2 的第六列。如表 5.2 所示，修正后的实施时长呈现平稳下降趋势，现如今基本稳定在 8 年左右。随着更新计划的发展和经验的积累，实施时长也许仍会有所下降，但极可能将会停留在 6—8 年间。

城市更新项目的规模大小对项目的实施时长有影响。以项目的总成本作为划定项目规模的指标，将所有项目划分为 13 个组。每一组代表了某一特定规模的项目级数。各组项目的总成本区间详见表 5.3。每组项目的实施时长平均值结果详见表 5.3 中的最后一列；请注意，随着项目规模的增大，估算的实施时长平均值也随之上升。其中，总成本小于 50 万美元的项目，实施时长平均值不足 4 年；总成本在 50 万—300 万美元之间的项目，实施时长平均值为 5 年左右；总成本在 300 万—1800 万美元之间的项目，实施时长平均值在 5.5—6.5 年之间；总成本在 1800 万—1.12 亿美元之间的大项目，实施时长平均值要超过 7 年。因此，基本可以肯定说，城市更新项目的实施时长是和项目的规模大小直接挂钩的；越大的项目实施时长越长。

估算平均实施时长：按项目总成本划分 **表 5.3**

分组	项目总成本（百万美元）	项目数量	估算的平均实施时长（年）
1	0 - 0.5	53	3.83
2	0.5 - 1.0	51	4.60
3	1.0 - 1.5	49	4.83
4	1.5 - 2.0	36	5.19
5	2.0 - 2.5	26	5.23
6	2.5 - 3.0	27	4.91
7	3 - 4	38	5.42
8	4 - 5	24	5.86

续表

分组	项目总成本（百万美元）	项目数量	估算的平均实施时长（年）
9	5 - 6	24	6.53
10	6 - 8	22	6.33
11	8 - 11	22	6.56
12	11 - 18	24	6.23
13	18 - 112	24	7.28

资料来源：*Urban Renewal Project Characteristics* and *Physical Progress Quarterly Reports* (unpublished), Housing and Home Finance Agency, Urban Renewal Administration, Washington 25, D. C., March 31, 1961.

通过叠加规划时长和实施时长，我们可对从规划阶段至项目实施完工这一整个过程中的总时长进行估算。正如你也许所推测的那样，整个过程需要年限很长；事实上，一般性更新项目的总时长刚好略低于12年！

从开始规划编制至项目完成所需的总时长，可以通过将规划时长和实施时长相加得到。为了将总时长和规划时长或实施时长区别开，我将总时长称为“周期”，即完成城市更新项目中所有必要活动所需的总时长。对于已经完成规划阶段的423个项目而言，将修正后的估算实施时长（其中的25个项目中是实际实施时长）和实际规划时长进行相加的结果就是项目的周期长度。

这423个项目的周期长度分布情况详见图5.4。项目周期长度位于1—20年之间，其中的绝大多数处于7—15年之间。这423个项目的周期长度平均值恰好略低于12年——准确地说是11.9年。在整个周期中，规划时长大致为3.4年，实施时长为8.5年左右。需要注意的是，这些估算仅仅是基于1961年3月前设立的项目作出的。随着城市更新官员和城市规划师越来越熟悉掌握城市更新的方法，周期长度将可能出现下降。下降多少呢？任何推测都具有很大的主观性。但我个人以为，一般性更新项目的周期长度小于10年的可能性基本不存在，除非一些更严厉的政府法令能出台并加以实施。

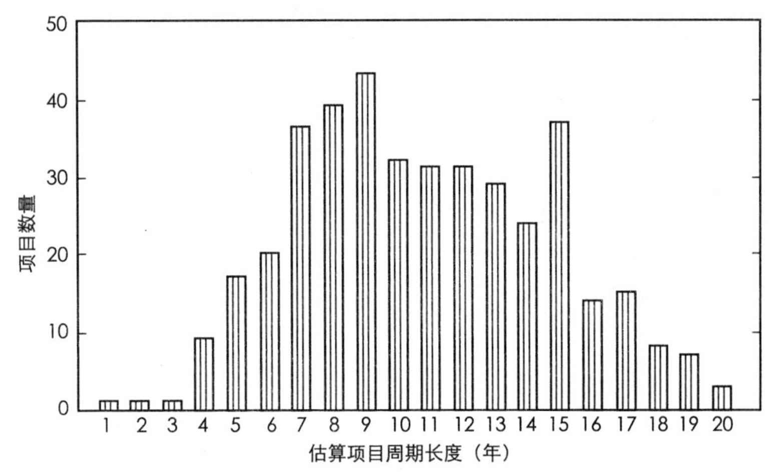

图5.4 1961年城市更新项目修正后的项目周期长度分布图

资料来源：*Urban Renewal Project Characteristics* and *Physical Progress Quarterly Reports* (unpublished), Housing and Home Finance Agency, Urban Renewal Administration, Washington 25, D. C., March 31, 1961; 398 projects reporting. (Reported figures have been adjusted.)

可见，联邦城市更新计划并不能轻松、快速的解决其拟针对的城市问题。一般性更新项目从规划编制之初到项目完工这一过程基本需要 12 年时间。因此，截至 1961 年，超过 97% 的项目还没有完成新建设。如果城市更新进程继续这般缓慢推进，仅当前的项目就仍需开展 10 年时间才能完工。因此，联邦、州、地方政府官员及其他与城市更新息息相关的群体必须高度重视更新计划滞后性的问题。在更新项目完工之时，更新项目设立之初的基本情况可能已经发生了重大变化或全面性的变化；为了使更新计划保持有效性，更新计划必须具有一定的灵活性并能适应条件的变化。公共官员应该对城市更新的需求变化有充分的敏锐，并能据此对更新计划进行调整。除非能快速和有效对更新计划作出调整，否则，更新项目的漫长周期完全有可能推倒整个联邦城市更新计划。

注释

[1] *Physical Progress Quarterly Reports* (unpublished), Urban Renewal Administration, Form H-6000, Washington 25, D. C., March 31, 1961.
[2] See research note 2 in Appendix B.
[3] See research note 3 in Appendix B.

第6章　新建筑

……对于富含智力和精力的人而言，规划建设所引发的欢愉感，属于最强的刺激感的范畴之列。任何奇思妙想都能通过规划成为现实；因此，这种人天生倾向于规划建设……对创造的偏好，不是根植于创造本身。而只是对权力向往的表达形式而已。一旦存在创造现实的权力，那么，就会有人渴望利用这种权力，即使自然本身就能产生比任何精巧意图所能创造的都要好得多的结果。

B·罗素

联邦城市更新计划是试图改变既存的城市土地利用模式，将其转变为另一种新的、不同的土地利用模式。在某些人关于公共产品的认知中，这一新的土地利用模式是城市必须具备的。基本而言，这通常伴随着房地产的购买、消灭、土地出让给私人开发商等活动。私人开发商再依据地方更新机构的批复以及其他利益相关者的意见建设新建筑。同时，建筑物的修缮活动也在开展，虽然修缮活动很有限。原先的贫民窟地区耸立起新建筑，这种变化无疑是极为剧烈的，也可能是城市更新活动中最激动人心的场景。这些新建筑象征着城市更新计划的功绩，并通常作为评判城市更新计划好坏的主要内容。城市规划师、市长、城市更新官员，以及其他和城市更新有关的利益集团们，现在能用手指指着耸立在蓝天下的大规模建筑群说道："看，我在拆除贫民窟和塑造城市新形象上出了一份力。"

许多事情是一致的。无疑，相比于破败的老房子，人们更喜欢明亮的新住房。但是，在城市更新中，关于新建筑却有不一样的声音。在我们宣称这些新建筑是必要的之前，有必要调查清楚，新建的是哪一类建筑，建设这些新建筑的成本又有多大。简单说，这是因为新建筑是城市更新的象征，新建筑将向我们展现联邦城市更新计划的诸多特征。

政府部门公布了城市更新地区拟建的新建筑量；但是，至今政府部门仍然未公布已完工或已开工的建筑量方面的数据。仅仅依靠拟建的新建筑量难以对联邦城市更新计划作出评估，因为负责联邦城市更新计划的人们，在预测拟建的新建筑量和拟完工时长方面，往往会过于乐观。

本文中关于已开工的建筑量数据，是基于城市更新管理局的原始档案估算的。虽然管理局的官员们一开始并不情愿，但最终还是同意，通过全国各地的地方更新机构上报的季度报告提取已开工的建筑量数据。

地方更新机构的进度报告估算了城市更新地区已开工的建筑量以及将要开工的建筑量。本文中使用的进度报告截至1961年3月31日。[1]

城市更新地区已开工的建筑量无疑是相当重要的。截至1961年3月，将近8.24亿美元的各类新建筑已开工；将近30亿美元的新建筑处于规划阶段。

表面看，城市更新计划试图为所有的美国市民提供更好的住房和生活环境。但是，已开工的建筑都是什么类型呢？截至1961年3月，总价值56%左右的新建筑是私人住房。新住房的造价很高，特别是在城市。而且，除非其他纳税人支付相当数额的租金，通常只有极少数的被拆迁户可以搬回旧街区。私人住房不可能是为了利他性而修建；其修建的目的只可能是赚钱。所以，我们可以得出结论：所有新建的私人住房完全是为了城市更新地区的原居民之外的另一阶层人士所修建的。

总建筑量中的6%是公共住房。公共住房的成本并不比私人住房低多少，只不过因为政府在租金方面有一定补助，那些符合条件的人才能租得起公共住房。

剩下38%的建筑物是非居住建筑。这意味着只有62%的新建筑是用于满足居住功能的；而且，其中超过90%以上的新建住房所要求的月租金超过了绝大多数原被拆迁户的承受能力。这证明，尽管城市更新的首要目标是为所有阶层的人提高住房环境，但实际上，城市更新只是提升了高收入人群的住房环境，但同时降低了低收入人群的住房环境。从实效而言，联邦城市更新计划赋予地方更新机构重新创造一个完全不同于原先旧街区特征的全新街区。但这是通过驱离低收入人群并以高收入人群代之的做法而实现的。城市更新管理局专员威廉·L·斯莱顿最近称述道：

> 在评论我们最衰败的贫民窟时，特别需要建立一种新的特征……我们必须谨记，住房管理局行政官罗伯特·C·韦弗（Robert C. Weaver）的话，‘我们所关注的不仅仅是建设和投资，我们更应关注我们建设的是什么，建在哪里，以及为谁建设 。’[2]

建造什么、在哪建造、为谁建造的决定，必然掌握在遍布全美的成千上万的官员手上。在城市更新地区，这些决定是由公共事务官员决定的，虽说绝大多数的建筑是私人拥有的。

相当比例的非住房类建筑已经开工。各类公共工程，如公园、学校、图书馆、道路、下水道系统及其他公共设施，约占了总建设量的24%左右。因此，城市更新建设中很大一部分是公共设施以及场地改善类工程。绝大多数的非住房类建筑将由那些可能和愿意搬迁到这些再开发地区的人享有。

尽管联邦和地方官员们鼓励私人投资者将新建设转向城市更新地区，至今，私人开发商只是投入了相对较小的资金在城市更新地区。在所有的已开工建设量中，只有14%是商业性的。其中，商业建筑占了10%，工业建筑只占了4%。也许，其主要原因之一是联邦财政不能用于商业和工业地产投资，因此，任何商业和工业建筑的建设与否，只能取决于私人开发商对其是否具备经济可行性并自行判断。

关于新建设由谁来买单以及可以申请到哪类资金的问题，就已开工的建筑而言，情况较为多样。根据谁享有谁买单标准，城市更新建设大致可以划分为三类。第一类是公共建筑——如果公共设施专属城市更新地区享有，总费用中的三分之二（在一些案例中是四分之三）由联邦政府承担；如果城市更新地区只是部分享有，联邦分担的费用将按比例进行下降。其他的费用由州政府和地方政府分担。第二类是公共投资的私人建筑——私人住房中近43%的建设量享有联邦政府的长期贷款（40年）。第三类是私人投资的私人建筑——所有这些建筑，由私人机构投资建设，包括住房、商业和工业建筑等。

从 1949 年更新计划实施之初至 1961 年 3 月 31 日为止，已开工的建设量情况，详见图 6.1。更为翔实的建设量情况，请参照附件 A 中的表 A.11。

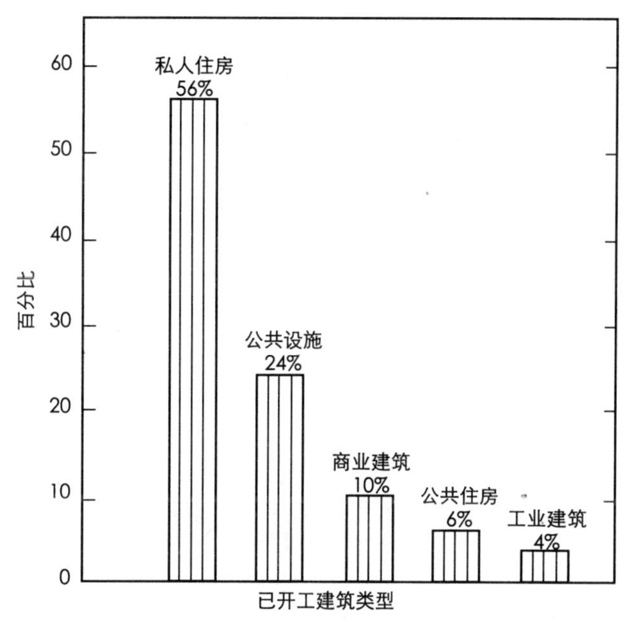

图 6.1 已开工的城市更新建筑分类百分比：自更新计划实施以来至 1961 年 3 月 31 日，总建设费用（估算）达到了 8.24 亿美元

资料来源： ***Physical Progress Quarterly Reports*** **(unpublished), Housing and Home Finance Agency, Urban Renewal Administration, Form H-6000, Washington 25, D. C., March 31, 1961; 191 projects reporting.**

迄今为止，绝大多数更新建设活动集中在少数几个州。仅纽约州就占了全部建设活动的 32.4%，且全部建设活动都集中在纽约市。其余三分之二建设活动主要集中在 15 个州，包括从占到 6900 万美元建设费用的宾夕法尼亚州到占到 1400 万美元建设费用的亚拉巴马州不等。另外三分之二左右的州，只有很少量的城市更新建设活动；23 个州只占到 1900 万美元的建设费用，平均每个州不足 100 万美元。另有 11 个州不存在任何的建设活动。不难想象，城市更新建设活动主要集中在那些分布有大城市的州内（见表 6.1）。

各州的城市更新建设额（1950—1961.3）（单位：百万美元） **表 6.1**

州	排名	建设额	累计建设额	百分比（%）	累计百分比（%）
纽约州	1	267	267	32.4	32.4
宾夕法尼亚州	2	69	336	8.4	40.7
伊利诺伊州	3	67	403	8.1	48.9
弗吉尼亚州	4	55	458	6.7	55.5
康涅狄格州	5	48	506	5.8	61.4

续表

州	排名	建设额	累计建设额	百分比（%）	累计百分比（%）
新泽西州	6	42	548	5.1	66.5
加利福尼亚州	7	40	588	4.9	71.3
明尼苏达州	8	37	625	4.5	75.8
马里兰州	9	30	655	3.6	79.4
哥伦比亚特区	10	29	684	3.5	83.0
密苏里州	11	25	709	3.0	86.0
田纳西州	12	23	732	2.8	88.8
密歇根州	13	21	753	2.5	91.3
马萨诸塞州	14	19	772	2.3	93.6
俄亥俄州	15	19	791	2.3	95.9
亚拉巴马州	16	14	805	1.7	97.6
其他 23 个州	17 - 39	19	824	2.3	100.0
剩下 11 个州	40 - 50	—	824	—	100.0
总计		824 美元	824 美元	100.0	100.0

资料来源：*Physical Progress Quarterly Reports* (unpublished), Urban Renewal Administration, Housing and Home Finance Agency, Form H-6000, March 31, 1961 (191 projects); FHA Division of Research and Statistics, March 31, 1961.

在联邦城市更新计划实施的最初几年，建设活动开展较为缓慢。事实上，在 1950—1951 年间，未有任何建设活动。随着更新计划不断扩张，建设活动开始增多：1952 年有 3600 万美元的建设活动启动；1953 年上升到 8600 万美元。但是 1954 年又下降到 1900 万美元。接下来的两年中，建设活动量仍相对较小：1955 年是 4900 万美元，1956 年是 5000 万美元。1957 年建设活动量出现急剧上升，增加到 1.57 亿美元的新建设活动。1958 年的建设活动量达到了历史最高值，建设活动量上升到 1.72 亿美元。1959—1961 年间，建设活动出现了下降。1959 年建设活动量下降到 1.18 亿美元，1960 年甚至跌落到 1.13 亿美元，1961 年第一季度仅有 1700 万美元的建设活动量。从上述图景中可以推算，即使对上述 1958—1961 年间建设量的估算值进行修正后，仍能表明城市更新建设活动存在下降趋势。

但是，由此推断城市更新建设活动会继续下降是不合理的。城市更新计划规模的快速扩张将为近些年的新建设活动提供强有力的推力。但是，1958—1961 年的下降现象却让我们不得不深思：为什么在联邦城市更新计划扩张最快的时期竟发生了城市更新建设活动持续下降的现象？如果那些导致新建设放缓的因素在未来仍将出现，那其对新建设进程又将产生怎样的影响呢？在解答这些问题之前，有必要对已开工的建设类型进行更为详尽的分析。

将每年已开工的城市更新建设量划分为两大类：

1. 公共拥有的建设量；
2. 私人拥有的建设量。

其中，将近 70% 的已开工建设量是私人拥有的，剩余的 30% 是公共拥有。相关的建设量详见表 6.2。

城市更新建设量，1950—1961年间估算年度已开工公共和私人建设量（百万美元）　表6.2

年份	公共建设量	私人建设量	总建造量
1950	2	—	2
1951	5	—	5
1952	13	23	36
1953	11	75	86
1954	11	8	19
1955	5	44	49
1956	10	40	50
1957	26	131	157
1958	50	122	172
1959	50	68	118
1960	52	61	113
1961 *	12	5	17
总计	247 美元	577 美元	824 美元

* 第一季度

资料来源：*Physical Progress Quarterly Reports*.(unpublished), Urban Renewal Administration, Housing and Home Finance Agency, Form H-6000, Washington 25, D. C., March 31, 1961. Estimates derived from 191 projects reporting construction started.

表6.2表明公共建设量的发展趋势和私人建设量的发展趋势之间存在重大的差异。在1950—1956年间，城市更新地区的年均公共建设量是800万美元；1957年是2600万美元；1958—1960年间的年均公共建设量是5100万美元。基于1961年第一季度的已开工建设量进行推测，1961年将有超过5000万美元的公共建设量。因此，1956年之前公共建设活动一直都保持在较低的建设量；但1956—1958年间公共建设量出现了显著的上升；1959—1961年间一直较稳定的保持在相对较高的建设量。

但私人建设量的时间特征与公共建设量明显不同，详见图6.2。除了城市更新计划起始两年中没有什么建设量外，在之后的两年中私人建设量出现了快速增长，1953年更是达到了7500万美元的建设高峰。但1954年却又急剧下降至800万美元，1955年重新上升到4400万美元，1956年又回落到4000万美元。之后的两年是私人建设量的井喷期——1957年是1.31亿美元，1958年是1.22亿美元。1957年的1.31亿美元是更新计划实施以来私人建设量的最高值。1959年私人建设量又急剧下降至6800万美元；1960年进一步下降至6100万美元。1961年的第一季度只有500万美元的私人建设量。

因此，1958—1961年3月间，全美城市更新建设量的下降完全是由于私人建设量的下降引起的。因为大量城市更新项目正在推进中，可以想见，这一下降趋势在近期肯定会出现反弹。[3] 但是，在城市更新项目快速增长期却出现私人建设量绝对性的下降，这一现象清楚表明更新计划不可能进展得一帆风顺。

1953年私人建设量的显著上升可以归因于纽约市的更新建设活动。在这一时期，罗伯特·摩西（Robert Moses）主管着纽约市的城市更新项目。可以说，他是私人建设量井喷期的首要推动力，摩西完成了包括从任命重要公共部门的官员到劝说公共和私人利益体加快更新进程等大量更新事务。通常，早在有市场需求之前，土地处置就已通过协商或征用权的方式有所安排。

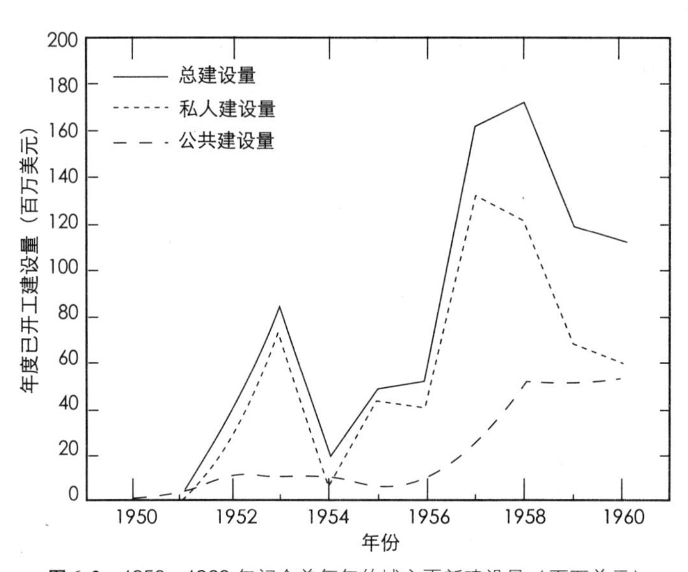

图 6.2 1950—1960 年间全美每年的城市更新建设量（百万美元）

资料来源：*Physical Progress Quarterly Reports* (unpublished), Housing and Home Finance Agency, Urban Renewal Administration, Form H-6000, Washington 25, D. C., March 31, 1961; estimates derived from 191 projects reporting construction started.

1956—1957 年间全美城市更新地区私人建设量的大幅上升，可能是因为联邦政府通过联邦国家抵押联合会将联邦直接贷款引入到城市更新私人建设中的缘故。这是因为虽然 1950—1955 年间产生了大量的“潜在”私人建设，但似乎因为缺乏可行性贷款，这些潜在的私人建设并未转化为实际建设量。贷款之所以不可行是因为私人借贷机构认为这类建设活动充满风险。为此，1955 年底联邦国家抵押联合会对联邦直接贷款的条件进行了修正，从而导致了私人住房建设量的井喷。

1958—1960 年间，艾森豪威尔政府对联邦城市更新计划进程日益不满，并对每个项目进行了仔细的评估。[4] 在这期间，城市更新委员会的委员戴维·沃克（David Walker）先生对一群住房和再开发官员做了如下的陈述：

> 如果城市更新计划只是在其一端减少了公共住房，在另一端增加了奢华住房，并没有触及两者间的大片灰色地带，那么，更新计划只能引发争——这就是更新计划的现状。[5]

实际上，沃克先生一针见血地指出了联邦城市更新计划面临的问题：联邦城市更新计划建设了大量的奢华和半奢华住房却只建设了少量的公共住房，这一事实已经使人们对更新计划的实效产生怀疑。难道这就是城市更新的目的所在？

艾森豪威尔政府对联邦城市更新计划有着清醒认识，并出台了更为严厉的城市更新规定。这时期的私人住房建设推进迟缓主要是由审批时间漫长导致的。同时，有部分私人开发商也对更新计划的运行情况越发不满。康涅狄格州的纽黑文常被称为美国城市更新中的典型案例。纽黑文的李市长（Mayor lee）更是将城市更新作为其主要的竞选纲要之一，并在城市更新方面取得了巨大的成功。罗杰·史蒂文斯是美国最重要的私人开发商（也许大家更熟悉他的百老汇演出）。但是，他们在 1962 年初都对城市更新计划发出了怀疑的声音：

虽然李市长早在1965年就已预见到了一个‘激动人心的、崭新的’纽黑文，但是，他不再打算继续朝这个目标努力了。罗杰·史蒂文斯也不再打算开展新的城市更新项目。“我将不再着手此类事情。”[6]【下划线上文字系作者明示】

城市更新活动的下降源自多方面的原因。首先，金融机构不太乐意放贷给城市更新项目，且理由较易理解——截至1962年12月，联邦国家抵押联合会的账务表显示，超过27%的城市更新公寓楼抵押贷款仍在拖欠中。（详见第8章的表8.4）政治压力和官僚主义同样放缓了城市更新地区的建设步伐。

作为开发商的史蒂文斯……承认因政治操纵导致的后滞正使开发成本急剧上升。“在立项之初，关于教堂街更新项目（Church Street Project）的一些决策就不符合经济原则，但是，这在政治上是必要的。”[7]【下划线上文字系作者明示】

总体而言，城市更新的实践证明其并非想象中那般美好——而且，开发商们已对更新计划进行了重新评估。这部分内容将在第七章中进行更详见的论述。

仅纽约市就占据已开工城市更新建设量中的32%左右。因为纽约市在全美城市更新整个格局中拥有如此举足轻重的影响力，所以，如果将纽约市计算在内，将无法准确了解全美其他地区的情况。为了能更清晰的掌握全美其他地区的情况，在计算总量时将纽约市排除在外（详见图6.3）。总体而言，全美其他地区的情况与纽约市的情况具有一定的相似性；建设量同样经历了1958年之前的急剧上升以及之后的急剧下挫。[8]

根据369个地方更新机构在1961年3月31日上报的报告，城市更新地区估计约有39.64亿美元的新建设量。[9] 拟建的建筑构成和已经完工的建筑构成情况有很大不同。这369份报告所估算的城市更新建设总费用情况，详见附件A中的表A.12。

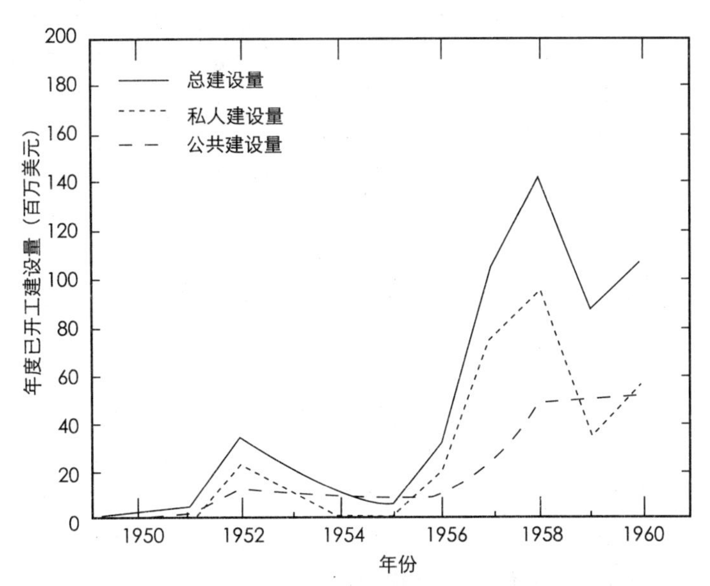

图6.3 1950—1966年间全美每年已开工的城市更新建设量（不包括纽约市）

资料来源： *Physical Progress Quarterly Reports* (unpublished), Housing and Home Finance Agency, Urban Renewal Administration, Form H-6000, Washington 25, D. C., March 31, 1961

在估算新建设量的总量时，需将已开工的建设量计算在内。在估算的 39.64 亿美元新建设量中，有 8.24 亿美元或说新建设量的 21% 是已开工的建设量。其余的 79% 仍处在规划阶段。即截至 1961 年 3 月 31 日，将近 31.40 亿美元的新建设仍在规划中。（详见附件 A 中表 A.13）。规划中的各类建筑的构成比例与已开工的各类建筑的构成比例有很大差异。规划的和已开工的各类建筑构成比例情况，详见图 6.4。

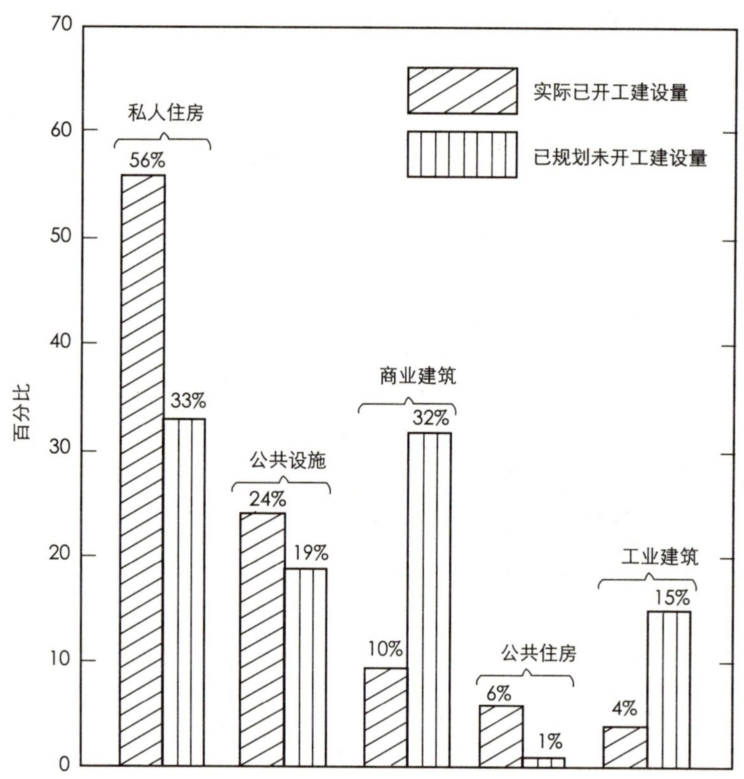

图 6.4 按建设类型划分的城市更新建设量——已开工的建设量为 8.24 亿美元；已规划但未开工的建设量为 31.40 亿美元。建设量为从更新计划实施之初至 1961 年 3 月 31 日为止的累计值。

资料来源：*Physical Progress Quarterly Reports* (unpublished), Housing and Home Finance Agency, Urban Renewal Administration, Form H-6000, Washington 25, D. C., March 31, 1961; 369 projects reporting.

迄今为止（1961 年 3 月），在已开工的建设量中 56% 属于私人住房，而在规划的建设量中只有 33% 属于私人住房。在已开工的建设量中 24% 属于公共建筑，而在规划的建设量中只有 19% 属于公共建筑。商业建筑的不一致情况更为突出；商业建筑的规划建设量是已完工建设量的 3 倍。在已开工的建设量中只是 10% 属于商业建筑，但在规划的建设量中，估计有三分之一或说 32% 属于商业建筑。工业建筑的情况和商业建筑类似。在已开工的建设量中只有 4% 属于工业建筑，但在规划的建设量中估计有 15% 属于工业建筑。

从某些方面而言，公共住房的情况更能揭示出联邦城市更新计划未来的走向。在已开工的建设量中公共建筑只占了6%；但是未来的规划显示，拟建的公共建筑量不足1%。

未来存在两种可能：要么城市更新的新建设计划将要进行更改；要么对过去的城市更新模式作出重大转变。根据城市更新专家们的规划，有大量的商业和工业建筑将要建设；私人住房、公共建筑、公共住房的建设量将大量减少。也许，将近47%的新建设量将是商业和工业。但同时，过去的经验明显表明投资商对于划定的城市更新地区的兴趣正在减少。似乎只有地方的城市更新官员仍对城市更新项目充满信心。

注释

1 The author is solely responsible for the compilation and interpretation of the data pertaining to new construction activity. Any views and opinions expressed about new construction activity are the author's and should not be interpreted as being official views and opinions of the Urban Renewal Administration. It should be kept in mind that the figures reported are derived from estimates of local renewal officials, and thus are subject to any uncertainty contained in the original government reports.

2 Remarks by William L. Slayton, Commissioner, Urban Renewal Administration, Housing and Home Finance Agency, at the Conference on Urban Renewal and Housing presented by the Practicing Law Institute, Hotel Astor, New York, N. Y., June 21, 1962.

3 There are indications that the amount of construction activity has increased significantly since the time that this study was made. However, data on new construction activity is not publicly available at present, and it was not feasible to attempt to redo the entire study in order to update the data.

4 Interview with Professor Chester Rapkin, University of Pennsylvania, April 1962.

5 Mr. David Walker, Commissioner, Urban Renewal Administration, before the Potomac Chapter of the National Association of Housing and Redevelopment Officials, October 1, 1959.

6 "City Face-Lifting — New Haven [Connecticut] Points Up the Problems of Redevelopment," *Wall Street Journal*, January 17, 1962.

7 *Ibid.*

8 It is interesting to note that there appears to be an upturn in urban renewal construction activity just before each presidential election — see 1952, 1956, and 1960.

9 These reports reflect the estimates of the local urban renewal officials. For 191 of the 369 local renewal agencies reporting, the amount of planned construction reported also includes the amount of construction that had already been started as of the reporting date.

第7章　私人开发商

希望屡次落空，
且总是在其承诺之处落空
莎士比亚

私人开发商是城市更新进程中的关键一环。城市更新地区平整后的熟地主要用于私人建设用途；且如果没有私人开发商在城市更新地区投资，那么，从实施角度而言，城市更新项目就会成为烂尾工程。在现有联邦城市更新计划模式下，私人开发商在城市更新进程最后环节中发挥着至关重要的作用。

在最初的分析中，私人开发商认为其能在更新计划中获取可观的利润。私人开发商认为，他们的实际投资额在整个项目总投资中所占的份额相对较小，并且，他们能在短期内就回笼他们的成本。另外，他们认为，拥有区位良好地段的城市地产是会不断升值的，且能产生足够多的收益用以维系每年的运行成本，进而取得合理的投资回报。他们还设想，等城市地产升值到一定程度就将其抛售套现。在这一乐观的分析中，投资更新项目将为私人开发商赢得可观的收益。

因为这极具诱惑力的推演，在联邦城市更新计划的早期阶段，私人开发商对更新项目的前景充满乐观。但随着时间的推移，私人开发商发现城市更新并没有他们原先想象中那么完美。摘桃子的时候远未来临，所谓的高额利润仍然只是空中楼阁。一位私人开发商曾说道：

> 城市更新是什么？城市更新是一块我已经打理了很久但却迟迟未能收获的田地。我和其他再开发商的交谈表明，这是从未碰到过的事情。是的，如果我们继续劳作下去，那么我们必须保证马上能有所收获，否则，我们必须立马转到更肥沃的田地上去。[1]

绝大多数的再开发商是不动产投机者，他们建造、租赁、出售大型不动产综合体的首要目的就是赚钱。其中一些开发商在城市更新计划中扮演了很大的作用，包括威廉·泽肯多夫（William Zeckendorf），赫伯特·格林沃尔德（Herbert Greenwald），詹姆斯·朔伊尔（James Scheuer），马文·吉尔曼（Marvin Gilman），以及罗杰·史蒂文斯（Roger Stevens）。泽肯多夫也许是城市更新领域中最为重要的人物，其绝大多数的城市更新项目位于纽约、华盛顿和芝加哥。朔伊尔是一位来自纽约的开发商，他的更新项目遍及克利夫兰、华盛顿和波多黎各。史蒂文斯是位商业地产经纪人和戏剧制片人，更是康涅狄格州纽黑文城市更新项目的主要赞助人。

吉尔曼是一位来自纽约的律师，正在开发巴尔的摩市的一个大型城市更新项目。这些人都是城市更新的大鳄。这些人都拥有相对小型的、具有竞争力的团队，并在全美各地寻觅合适的城市更新项目。这些人在商业运行方面较为灵活机动，因此难以确认他们在城市更新方面的兴趣能维持多久以及涉足多深。比如，在最近的几年中，泽肯多夫已将绝大多数的城市更新项目都抛售出去。在其中的一宗案例中，接手的买家是一家巨型的制铝厂商——美国铝业公司。

大型企业涉足城市更新领域是近些年才出现的现象。时至今日，雷诺兹铝业（Reynolds）和美国铝业（Alcoa）等大型企业已深深涉足至联邦城市更新计划。也许，雷诺兹铝业公司是这方面的最佳案例。雷诺兹铝业涉足城市更新的主要原因如下：

1. 这为公司出售铝制品提供了一个机会。

2. 这为铝制品在房屋的多样化运用提供了展示平台（雷诺兹铝业认为，这是能产生良好广告效果的潜在领域）。

3. 这为公司在住房上运用铝制品积累经验。

4. 这能给公司带来客观的利润。[2]

其他有些开发商是一些学术机构，他们希望能扩大其机构、改善其环境质量。比如说，麻省理工大学（MIT）就是一个大型研究中心项目——位于马萨诸塞州的剑桥的技术广场——的发起人。研究中心的土地需要通过城市更新计划征用而来。芝加哥大学、宾夕法尼亚大学、哥伦比亚大学等综合性大学也同样试图通过联邦城市更新计划征用其周边的土地以提升学校的环境质量。

也有一些开发商是非营利机构组织。他们涉足城市更新的主要目标重在社会意义而非经济效益。他们旨在利用充沛的联邦财政来资助非营利组织建设低成本住房。比如，一些劳工组织就利用联邦财政来为他们的会员建设住房。

关于进军城市更新领域的决策

在联邦城市更新计划下运作的私人开发商要分析和评估的因素要比私人市场复杂得多。迄今为止，面对层出不穷的问题，解决方案的形成异常困难和耗费时间。一群与城市更新直接打交道的律师认为：

> 问题如此之多，陷阱随处可见，有经验的开发商不愿意接手城市更新项目，即便是在其所在城市……从没有哪个房地产开发环节涉及如此众多的公共机构——联邦、州和地方。[3]

独立运营的开发商在建筑设计、建筑外形和区位等方面有极大话语权。但是，对于在联邦城市更新计划体系下运作的开发商而言，建筑设计和建筑外形却主要取决于地方更新机构官员的批复意见。

一般会就开发商递交的规划方案是否符合要求专门举行一次重要的听证会，进而决定开发商是否能获得该更新项目。为了能符合地方更新官员要求，必然需要花费大量时间和金钱用以构思新颖的规划方案。每次规划方案竞标，私人开发商需要投入 2 万—7.5 万美元的设计成本。[4] 如果每五次竞标中再开发商只有一次中标，那么，没有中标的规划方案设计费用必须要在中标项目中加以解决。在这种情况下，设计费用就会可能变为10万—37.5万美元。

即使中标，开发商将要面对一连串的问题：如地方、州、联邦政府的行政办文效率低下、公众的冷漠或抵触。开发商必须要打造出一个能同时满足多个不同利益团体要求的高设计水平的项目。这些利益团体对于项目都有自身的不同理解。其中，地方更新机构主要关注建筑物的外形和吸引力。联邦住房管理局关注建设的合理性和经济的可行性。城市更新管理局关注地方管理局能否保证清理干净后的熟地可以卖出一个好价钱，以及能否尽快开工建设。这些目标之间可能会打架，但再开发商必须拿出一个令各方都满意的方案。

即使开发商成功地说服城市政府有必要建设高租金公寓，他也依然要面临如何将公寓出租出去的问题。绝大多数城市更新地区是原先的贫民窟，并且通常周边还分布有贫民窟。开发商往往需要花费大量的精力去劝说人们相信更新地区现在值月均195美元的租金。纽约人寿保险公司负责住房方面的副总裁说道：

众所周知，许多城市更新项目将改变一个在公众认知中缺乏吸引力的、不受欢迎的、过时的社区面貌。为了能快速扭转公众的认知，将其变为一个吸引人的、更正常的、崭新的社区，短期投机者不愿意，大多数时候也不可能，为此投入长久时间。也许，我的经历对我的判断有所扭曲，但我知道，在南头（South Side）项目中，我们数年后才明白其潜在的客户群位于草甸湖（Meadows Lake），从而将南头从过去危险的贫民窟转变为现在充满活力的生活社区。[5]

除了一般性的建设问题外，私人开发商还必须面对因与地方、州、联邦机构打交道引发的其他问题。开发商必须要善于交际，能打点好每一层级的政治家和行政官员。因为，在整个项目运作期间，他必须持续的和各类政府机构打交道。与各类政府机构保持良好关系以及做好各政府机构间的协调工作是非常必要的。如果这些关系没打理好，那将会产生大量时间的延误。而这是开发商无法承受的代价，因为资金的运作周期长短直接影响投资利润大小。

潜在利润

很难计算清楚在联邦城市更新计划体系下运作的开发商的潜在利润到底有多少。这主要由两方面的原因决定：

1. 只有有限的经验用以判断，且在绝大多数案例中实践时间太短不足以得出明确的结论。
2. 就财政安排自身而言，过于多样性和复杂性。

但我们可通过采用两个步骤得到较为符合实情的图景。首先，假想一个案例，并标出该财政模型下的各个高点；其次，建立一个适用于一般性案例的更全面的数学模型。通过这一模型，既可估算城市更新中的潜在利润的走势，也可反映潜在利润对各个参数变动的敏感度。关于这一模型的说明，可详见附件B中的注释4。

开发商通常可以获得额度高达项目总成本90%的长期贷款；而担保人就是联邦住房管理局。所以，一旦开发商无法偿还贷款，那么，联邦住房管理局就需替长期贷款借贷人偿还债务。当然，在正常情况下，长期贷款借贷人负责偿还贷款，同时需支付每年需支付贷款额的1.5%作为担保费。通常情况下，如果开发商本身就是建设商，那么开发商可以将项目总成本的10%记作利润。这部分利润被称作建设商补助金。因此，如果项目的实际成本是50万，开发商可在此基础上再多加5万的利润。这样的话，项目的账目成本就是55万。长期贷款额是基于55万的账目成本做出的。即再开发商能获得高达49.5万的贷款额度。理论上说，开发商只需提供5千美元的资金担保即可。但是，实际操作过程中，开发商必须准备不少于项目成本3%的资金。这部分资金被称作项目投资保证金。

下面是一个项目成本为100万美元的假设案例。假设基建成本是70万美元；加上建筑师的设计费用和其他各种费用，费用上升到80万美元。再加上10%元的建设商补助金（即8万美元）；项目成本上升至88万美元。同时，假设土地征收成本是12万美元。那么，项目总费用就变为100万美元。而在项目资金来源方面，项目总费用的90%（即90万美元）来自联邦长期贷款。剩余的10万美元中，其中的8万美元是开发商的预期收益，因此，开发商的实际资金只要2万美元即可。但事实却并非如此。开发商需要投入的资金会远大于2万美元。在项目开展期间，必然涉及劳力成本。劳力成本大约占了长期贷款的2%。在这一假设案例中，劳力成本是1.8万美元。另外，承包人的费用大约占了基建成本的3%，即2.1万美元。在有些案例中，因为开发商和承包商通常有相关的合作协议，所以，这部分附加费用可能会纳入项目成本内。如果开发商和承包商之间没有相关合作协议，那么这一附加费用将成为私人开发商的额外开支，这就将使得私人开发商的实际投入资金上升至5.9万美元。

现在，我们检查一下投资回报情况。如果项目出租率是100%，那么出租收入可达近14万美元。但因为存在住房空置率情况，所以，联邦住房管理局允许开发商在计算净利润时可扣减7%。这样，每年的出租收益降为13.02万美元。若再扣除5.02万美元的运作成本和房地产税，则仅剩余8万美元的净收益（未计算贷款的利息和首期款）。

一些城市会给予私人开发商可观的房地产税减免。减免房地产税对私人开发商有很强的刺激作用。减税的幅度大小甚至可能成为再开发商是否接手某一更新项目的决定性因素。在一般情况下，再开发商需要支付的再开发税可高达项目实际收益的20%。因为每种情况各不一样，所以很难对开发商减免的房地产税额进行估算。但是，无论采用何种技术手段都可得出退税额极其可观的结论。

利息和首期款一般可达到联邦抵押贷款的7.5%，在本案中是6.75万美元。这样，税前的每年收益只有1.25万美元。当然，空置率越低，每年的收益更高。

地产的折旧额通常要大于年净收益，特别是在最初的几年。折旧是和年净收益相挂钩的。如果折旧额大于年净收益，那么，年净收益的税赋就需免除。同时，扣减后的折旧额仍可应用到其他收益来源中。因此，私人开发商能获得的税收减免非常可观。关于这一问题的细节在数学模式中有进一步的探讨。在本案中，税收减免可以让开发商在五年内收回自有资金。在开发商偿还了大部分的联邦贷款后，开发商照例会用自有资金对项目进行再投资。如是，租金可不再受制于联邦住房管理局规定的租金上限。这样，开发商就有可能通过提高租金以增加自我收益。

一旦再开发商偿还了所有的抵押贷款，便拥有了房地产的完整产权。如果房地产价值仍然延循着过去的发展态势，那么，房地产能保持原有价值或获得增值。开发商支付的首期款越多，其在项目中拥有的财产净值越高。例如，如果开发商支付了 20 万美元的首期款，那么，他在这 100 万美元的地产中就拥有 30 万美元的财产净值。等过段时间，也许开发商会将房地产出售。开发商的长期投资收益等于出售房地产所获收益减去尚未还清的贷款额，开发商通常希望在其出售房地产之时周边地区环境已经得到改善，从而增加了房地产的价值。这就是开发商期望的第一桶金。

投资保证金

如前所述，联邦住房管理局要求再开发商至少要投入项目实际成本的 3% 作为投资保证金。并且，在 3 年时间内，投资保证金不允许撤回。如果开发商在建设过程中没有投入足额的保证金，那么，差额部分必须要以现金存款的方式补上。这一规定的首要目的，是防止出现类似"608"号条款丑闻的再现。608 号条款在实施时，曾出现过公寓建造商获得的贷款额远大于项目实际成本的情况，从而使公寓建造商大发横财。

从开发商的角度而言，项目实际成本的 3% 作为投资保证金是很"理想"的。但是，如果大多数开发商都能符合该条件，那么，其合理性就值得怀疑。在某一项目完成时，大多数开发商投入的资金都将超过 3%。但是，如果认为一个老练的开发商投入的资金会超过 5%—6%，那就想错了。受访的开发商们一致赞同，再开发商投入资金在 3%—6% 这一区间。[6]

虽然，部分投资保证金来源于开发商自身，但是，大多数的保证金来源于公营或私有的辛迪加（企业联合体）。可是，关于辛迪加的资金来源，除了知道其主要来源于富人外，其他的情况我们一无所知。新的房地产投资信托法也可能为开发商们开辟一个新的资金来源。[7]

开发商的资金不是一次性投入的。在项目完成前的 3—5 年间，开发商的资金支出就已经开始产生。作为一个联合体，投机开发商通常要求有一个较高的回报率底线，因为其可供选择的投资种类较多。在估算开发商的资金投资时必须将这一因素考虑在内。资金套在项目内的时间越长，其"有效投资"就越大。例如，如果开发商投入 10 万美元，其回报率的底线是 25%。按三年为一个周期，那么，其"有效投资"等于初始投资的 2 倍甚或 3 倍。时间周期必须要计算在内的，因为如果开发商不曾将 10 万美元投资在城市更新项目中，他很可能投资到其他领域。

因为只有相对较小部分的自有资金投入，城市更新项目的回报率对成本和收益的变动极其敏感，这就导致回报率的波动区间较大。据附件 B 的数学模型估算，私人开发商的回报率主要分布在 20%—26% 范围内。

自有资金套在项目中的这段时间，开发商没有任何收益，而这极可能使开发商的"有效投资"等于初始投资的 2 倍以上。这就意味着，实际回报率可能只有预期回报率的一半左右，即 10%—13%。同时，请记住，开发商不可能赢得每一次的投标项目，因此，开发商必须拿中标项目的收益去抵消其他未中标项目的支出。这同样会增加开发商的实际投资，并有可能使预期回报率下降到 5%—7%。

回报率只有 5%—7% 的项目不能称为投机性项目。那么，为什么开发商仍要蜂拥至城市更新领域？一个可能的原因是，通过退税能大幅度提高其收益。其计算公式涉及退税的、净资金流入、边际收入税率等。但是，只有当投资者属于高边际税收阶层时，退税获得的好处才有可能较高。

只有一个理由可合理解释开发商进入城市更新领域的现象。最主要的原因是开发商被表面上高额的资金回报所吸引。一旦城市城市更新地区实现更新，那么，改善后的地区环境极有可能大幅度提高这一地区所有房地产的价值。并且，与开发商投入的自有资产而言，住房总价值的微小升值，就会导致开发商获得巨大增值效果。例如，对于一个投入了5%的自有资金的开发商而言，只要房地产总价值上升10%，开发商的税前收益将是其投入资金的200%。对于开发商而言，城市更新似乎是一个能以小博大的领域。风险很高，但潜在回报也很高。对于威·泽肯多夫而言，城市更新最大的吸引力在于其杠杆原理：用最小的资金撬动大型项目。[8]

本质而言，私人开发商都是企业主，通过组织和协调人力、资金、物力等各要素，在城市更新地区建设私人住房。在这过程中，他和他的团队可能投入了大量的时间、精力、资金。因为城市更新尚未最终成功，可以预见城市更新存在较大风险。因为城市更新的风险很高，所以人们以为潜在利润也应很高。再开发商的投资主要由时间、精力和资金构成。虽然人们很容易忽视这一事实：再开发商所投入的大量个人时间是有价值的，是开发商投资中的重要因素之一。

投资主体情况

本小节将对私人开发商、股权投资人、抵押放贷人的角色、他们相互之间的关系，以及不同类型的投资动机进行分析。

股权投资人，是指拥有股权的人。投资者只需拿出相对较小的自我资金就能获得部分地产的所有权。股权投资人的作用类似于风险缓冲，分担长期放贷人的收益和风险。有时其开发商也起到类似的作用。如果项目赚钱了，所有的利益相关方——开发商、股权投资人、长期放贷人或抵押放贷人——都能赚钱。如果项目亏本了，首先遭受损失的是开发商和股权投资人。只有当亏本数额超过了项目投入资金，长期放贷人才开始遭受损失。但如果开发商是有限责任公司，那么开发商的损失仅限于其所投入的资金和时间。即使不是有限责任公司，开发商仍有可能对项目投保，比如设定一个豁免条款，规定其对项目的损失不需承担任何个人债务。

抵押放贷人虽然提供了大部分的资金，但只收取相对较小、稳定的收益，其风险同样也很小。在建设资金筹集中，存在两类抵押放贷人：建设放贷人，在建筑物开建期间提供短期贷款；长期放贷人，为已建成的建筑物提供长期贷款。

建设放贷人为消除风险做了很多工作。为了防止因为项目烂尾或其他原因导致资金被套的情况，在住房建设期间，建设放贷人通常会要求联邦住房管理局为项目提供抵押担保。而且，只有联邦住房管理局为项目做了抵押担保，联邦国家抵押联合会才会购买抵押契据。通过这种途径，使得联邦住房管理局必须对建设工程的进度进行把关。现在，可能风险只剩贴现风险了。联邦国家抵押联合会只提供给开发商抵押贷款的98.5%，本应由建设放贷人自身承担的剩余的1.5%抵押贷款额会转嫁至开发商身上。为消除这一风险，在建筑物开建之前，建设放贷人往往要求开发商提供1.5%的保证金。在建设放贷人保管这1.5%的保证金期间，建设放贷人付给开发商相应的活期存款利息。这样，在需开发商支付相关费用的阶段，就能保证开发商有能力支付。小结，建设放贷人只承担极其小的风险。几乎所有可能的风险由联邦政府和私人开发商承担。

当建筑物完工后，长期放贷人将从建设放贷人手中购买抵押契据，并一直持有到物业成熟。在城市更新中，抵押契据的时限通常是40年。联邦住房管理局为项目提供抵押担保，有效解决了建设放贷人所有的可能风险。这是因为联邦住房管理局提供的担保中涵盖了90%的再安置费用。再安置费用中包括了再开发商预期获得的10%收益。这样，放贷机构的主要考虑就只是利息率的大小。目前联邦住房管理局设定的利息率上限是5.25%，但如果传统利息率要高于联邦住房管埋局设定的利息率，那么，放贷机构就需要考虑是选择收益较好的传统贷款还是收益较小但风险同样较低的联邦住房管理局贷款。至今为止，只有小部分的放贷机构选择依据220条款设置的联邦住房管理局贷款。其结果是，大多数的城市更新项目抵押契据由联邦国家抵押联合会购买。

为进一步阐释私人开发商的融资问题，将按序对融资过程中的重要环节进行检查。在项目中标后，再开发商的融资问题主要如下：首先，他必须对项目开建阶段筹集短期贷款，然后，等建设完工后，他必须筹集长期贷款。

融资过程的第一步，通常是取得联邦住房管理局的抵押担保。抵押担保的手续费是抵押物票面价值的0.15%。一旦开发商获得抵押担保，他将向传统的放贷人或联邦国家抵押联合会申请项目的认购担保。项目的认购担保通常依据联邦住房管理局的抵押担保做出。一旦再开发商获得这两样担保，他就可向建设放贷人申请发放短期贷款。建设放贷人，一般是商业银行，将根据担保对工程开建期的项目发放资金。短期贷款，基本不存在什么风险，因为联邦住房管理局对其做了担保、并且联邦国家抵押联合会（或其他传统放贷人）会购买相关的抵押契据。

开发商可在联邦国家抵押联合会或某一传统放贷人间自由选择。开发商的选择主要取决于放贷人所出的认购价格。联邦住房管理局所做出的抵押担保的期限通常是40年，利息率是5.25%（1962）。市场对这类长期的、低利息的抵押契据并不怎么感兴趣。传统放贷人通常要求获得高于5.25%的利息率。长期放贷人通常只愿意以票面价值的92%—94%对抵押契据进行认购。而这将使开发商预期净收益减少掉票面价值的6%—8%。

可观的收益是开发商开展城市更新项目的前提，而再开发商的潜在收益有可能因传统放贷的压价而受到损害。在这种情况下，国会授权联邦国家抵押联合会建立“专项”资金渠道对联邦住房管理局担保的城市更新项目进行认购；即联邦国家抵押联合会按票面价值全额进行认购，但需收取1%的认购担保费和0.5%的认购费。所以，实际上，联邦国家抵押联合会是按照票面价值的98.5%进行认购。因为联邦国家抵押联合会和传统放贷人间存在的认购差价，如果再开发商选择联邦国家抵押联合会，那么他的净收益会出现可观的增长。

对私人开发商而言，在城市更新建设总获利的可能性很高。因为存有融资机会，开发商只要投入很小比例的资金就能完成新建设。因为有联邦住房管理局的抵押担保，联邦国家抵押联合会或传统的借贷机构能向私人开发商提供占建设成本 90% 以上的长期贷款。而剩下的 10% 的建设成本实际上是开发商的预期收益。在这一基础下，理论上，开发商只要投入 1% 的建设成本即可；但实际上，法律规定开发商必要投资不低于 3% 的现金。城市更新对高收入的投资者也具有强烈的吸引力。即使那些收益不如何吸引人的更新项目中，也存在大额退税的可能性。由此产生的退税可能能抵消 77% 的联邦收入税。虽然，在传统的建设活动中也存在退税优惠，但是城市更新能提供更为优惠的退税额度。

虽然联邦住房管理局和联邦国家抵押联合会能为私人开发商提供专项融资渠道。但是，许多城市更新项目无法吸引到大量的符合条件的开发商。城市更新活动通常伴随着高风险。同时，因为在城市更新中开发商能以较低的资金投入获得较高的回报，所以开发商也总是以项目的风险程度作为其是否介入城市更新的先决条件。退税也是开发商考虑的因素之一。但是，迄今为止，这一切都还只是停留在纸上。直到这些潜在收益真正成为可见收益，开发商们才不会将城市更新活动视为高风险行业并与此保持适当距离。但现在的情况是，城市更新更多的是政府决策的结果，通过联邦住房管理局和联邦国家抵押联合会提供专项融资渠道的方式降低城市更新的高风险性。[9] 如果没有这些专项融资渠道的存在，只有在那些需求最强的地区才可能出现城市更新。如果联邦城市更新计划继续按照当前模式发展，那么，联邦和地方政府将需要投入巨额的财政补助去引导私人开发商在城市更新地区启动和执行新建设计划。

事件的发展似乎表明，即使是规模最大最老练的私人开发商，也对联邦城市更新计划不再着迷。美国铝业（在近期购买了许多威廉·泽肯多夫开发的城市更新项目）的执行副总裁利昂·希克曼（Leon Hickman）在 1964 年说道：

> 联邦住房管理局能提供占建设成本 90% 的贷款，支付给承包商的费用能以某种形式返还到项目中，分包商的费用能延期支付，而且，如果能找到某些“金融金融”提供种子资金来承担剩余的 3%、4% 或 5% 的建设成本，作为发起人的开发商可以什么都不需付出就让项目正常运作，这一切听起来就像海妖的歌声一样美妙。
>
> 上述的一切都是没错，但是这种情况并不能持续。在上述的美好理念中，忽视了建设延误所可能带来的后果，以及其他项目执行过程中出现的各种不可预料的费用。而且，总是缺乏足够的资金补助来为我们的资金损失买单。过于乐观的假定能立马就实现 100% 的出租率，更是使得我们的境况面临倒闭的危险。因周边的贫民窟清理不力而遭受的损失同样没有得到任何资金补助。这就像启动一项信誉早已耗尽的生意，不但没有任何流动资金，还要倒贴资金。[10]

利昂·希克曼补充道：

> 在这场博弈游戏中，虽然我们进入“种子资金天使”的角色仍不算久，但我们已经对整个游戏已一清二楚。

小结，开发商的投资相对较小，潜在收益较大，但风险也大。过去的经验表明，在联邦监管下的城市更新，并没有原先想象中那么吸引人或简单。开发商的收益，虽然可能很丰厚，但仍然停留在纸上，而且，收获利益的机会也比较小。

注释

[1] Marvin Gilman, "Entrepreneurial Considerations in Residential Redevelopment," *Private Financing Considerations in Urban Renewal*, 6th Annual Conference on Urban Renewal of the National Association of Housing and Redevelopment Officials (NAHRO), April 16–18, 1961.

[2] Sid Jagger, Vice-President, Reynolds Aluminum Service Corporation, Washington, D. C., "Special Considerations Regarding Industry Sponsored Development," from a summary of an address given at the 6th Annual NAHRO Conference on urban renewal, Pittsburgh, Pennsylvania, April 16–18, 1961.

[3] Duke University, School of Law, "Urban Renewal, Part II," *Law and Contemporary Problems*, Vol. 26 (Winter 1961), Eli Goldston, Allan Oakley Hunter, and Guido A. Rothrauff, "Urban Redevelopment — The Viewpoint of Counsel for a Private Redeveloper."

[4] Interview, Mr. Marvin Gilman, private redeveloper, Lindenhurst, New York, April 9, 1962.

[5] Otto L. Nelson, Jr., "Long-Term Equity Investment in Urban Renewal," *Private Financing Considerations in Urban Renewal*, 6th Annual NAHRO Conference, April 16–18, 1961.

[6] *Private Financing Considerations in Urban Renewal*, A Report of the Proceedings of the 6th Annual NAHRO Conference, April 16–18, 1961; Albert M. Cole, former Housing Administrator, "Good Business in Urban Renewal," *Business Week*, April 15, 1962; Interviews with: Marvin S. Gilman, Gilman and Schwartz; John O'Hara and Stanley Berman, both of Webb and Knapp, 1962.

[7] George M. Brady, "Entrepreneurial Considerations in Commercial Development," *Private Financing Considerations in Urban Renewal*, 6th Annual NAHRO Conference, April 16–18, 1961.

[8] "Housing Developers Vie for Jobs of Clearing Slums," *Business Week*, February 22, 1958, p. 80.

[9] Duke University, School of Law, "Urban Renewal, Part II," *Law and Contemporary Problems*, Vol. 26 (Winter 1961), p. 153.

[10] *Barrons*, National Business and Financial Weekly, July 13, 1964, "Bureaucracy and Blight: Urban Renewal Stands Condemned as a Costly Failure" by Shirley Scheibla, p. 5.

第8章　运作资本来源

想要建设高塔的人呀，先别急着开工，请先核算核算成本，看看自己是否有足够的资金。

卢克 14：28

关于联邦城市更新计划所需资金的估算额千差万别。资金额估算基于城市问题的广度和可能采取的城市更新类型做出。1953年总统顾问委员会下辖的政府住房政策和计划部估算，需要投入240亿美元用以拆除500万个住房单元及修缮1500万个住房单元。这一估算被认为是保守的，因为这只是涵盖了公共设施改善和居住用地清理中的公共支出部分。[1]1955年，20世纪基金会做出的估算相对大胆：需要投入1250亿美元用以进行居住区的清理及人口再安置。[2]随着时间的推移，各机构作出的资金估算额变得越来越大。1958年哈佛大学城市和区域规划学院的院长估算，整个更新计划的实施需要投入近2万亿美元。他的陈述如下：

若将整个美国视作一个整体，在1958—1970年间，需要投入18640亿美元——近乎2万亿美元用于新建设、再安置、保护和维护等。[3]

这一估算额是基于这一理念作出的：城市更新应涵盖城市固定资产方面的各类公共和私人投资。

城市专家一致认为：为加快城市更新的进度和效率，巨额的资金投入是必要的。对以上资金估算额的深入研究可得出一些启发性的问题。如这么多资金是否可行？即使可行，谁来承担，出发点是什么？当前的观点认为大部分的资金将由私人自主提供。1960年8月，经济发展委员会曾就联邦城市更新计划作出过如下政策性的表述：

关于更新我们的城市所需资金投入的估算额差别很大——1200亿或更大值。这些估算一致假定，四分之三至八分之七左右的支出将是私人资金支出。政府的角色被视作为私人开发商搭建平台，以及为了保持私人住房市场能高效运作而提供必要的资金资助。【下划线上文字系作者明示】

政府所做估算的假设同样反映了这一观点。1960年，城市更新管理局估算认为联邦、州、地方城市每投入1美元能带动3.65美元的私人投资。[4]迄今为止，大多数的城市更新拥护者认为，政府的作用类似于“种子资金”。在政府干预房地产行为时，公共资金的投入量并不需要很大。政府的角色被视作仅需承担贫民窟的土地清理成本以便私人开发商能在开发中获益。戴维·洛克菲勒（David Rockefeller），[5] 在1962年1月召开的综合电力论坛前对联邦城市更新计划作出如下评价：

住房和商业建设的资金必须主要由私人资金自身承担。公共资金只能用作“种子”资金，但需将诸如道路、学校等公共设施建设排除在外。我们必须考虑国家计划内的其他资金需求。

因此，城市专家认为巨额的资金投入是必要的，但专家同时认为绝大多数的资金必须由私人自主提供，且专家希望私人资金间能有很好的协作。

无疑，巨额的资金将流向联邦城市更新计划。但城市更新的实践表明，关于绝大多数的投入资金将来源于私人开发商的预期并不可信。迄今为止，绝大多数的投入资金来源于联邦、州以及地方政府——最主要的形式是现金支付，另有小部分以联邦直接融资的形式出现。本章的主要目的是，对城市更新过去的融资记录进行检查，并以此为基础，预测联邦城市更新计划未来可能的融资模式。

私人住房建设的融资

在1949—1960年间城市更新地区开工的8.24亿美元的新建筑中，有将近5.77亿是私人产权的。但事实是，私人产权并不等于完全由私人或私人机构投资建设。在接下来的分析中，请记住我们所讨论的是两种不同概念的私人建筑。当然，所有的建筑物都是私人所有的，但一类是公共投资的，一类是私人投资的。私人投资机构投资部分包括1.15亿美元的商业和工业建筑，以及4.62亿美元的私人住房建筑中的一小部分。

联邦住房管理局拥有为城市更新地区的住房提供抵押担保的权力。联邦国家抵押联合会（FNMA）负责购买抵押契据。联邦住房管理局负责住房抵押契据的担保，但并不具体放贷或建造房子。联邦国家抵押联合会通过购买和出售由联邦住房管理局提供担保的住房抵押契据，实现联邦政府对在抵住房二级市场的管理。在这一特定政府援助政策下，联邦国家抵押联合会能为专项住房计划的住宅项目提供融资服务。联邦城市更新计划即是这样的专项住房计划之一。为了满足城市更新的目的，联邦国家抵押联合会可以使用公共财政作为借贷资金。当联邦国家抵押联合会用政府公共财政购买了住房抵押契据之后，联邦政府就成为了城市更新建设活动的长期贷款人。在过去的十年，联邦国家抵押联合会是城市更新地区住房建设活动中最为主要的长期贷款人。其结果就是那些看似私人投资项目（因为是私人产权建筑），其实是联邦政府在投资。因此，实际上是美国联邦的纳税人在为全美城市更新地区的新建设活动提供资金。

城市更新地区过半的私人住房建设由联邦住房管理局依据住房法案中的第220号条款提供担保。截至1960年12月31日，联邦住房管理局已经为城市更新地区近2.96亿美元的私人住房提供抵押担保，[6] 这差不多是已开工的私人住房建设量的64%。其中，多家庭公寓约占了由联邦住房管理局担保的私人住房量的95%。1956—1962年间，联邦住房管理局的相关担保活动，详见表8.1。

1956—1962 年间联邦住房管理局在城市更新地区的担保额：依据第 220 条款　　表 8.1

年份	年度担保额（千美元）	多人家庭（千美元）	单身家庭（千美元）	多人家庭所占比例（%）	单身家庭所占比例（%）
1956	9973	9375	598	94.0	6.0
1957	64772	59929	4843	92.5	7.5
1958	37841	31579	6262	83.5	16.5
1959	103143	100865	2278	97.8	2.2
1960	80863	79116	1747	97.8	2.2
1961	101606	97181	4425	95.6	4.4
1962	166031	157301	8730	94.7	5.3

资料来源：*Annual Reports,* Housing and Home Finance Agency, Washington 25, D. C.; 1956, Table III-18, p. 70; 1957, Table III-17, p. 73; 1958, Table III-17, p. 77; 1959, Table III-17, p. 81; 1960, Table III15, p. 83; 1961, Table III-15, p. 77; 1962, Table III-15, p. 68.

联邦住房管理局在其他与城市更新相关的住房领域也十分活跃。根据住房法案的 221 条款，联邦住房管理局也可向非城市更新地区的拆迁安置房建设提供担保。但在本次研究中，我们将只是考虑城市更新地区的建设活动。

如前所述，1949—1960 年间，联邦住房管理局为近 64% 的私人住房建设提供了担保。但是，直到 1954 年联邦住房管理局才获得这一授权。所以，应以 1954 年后的私人住房建设量为对象来衡量联邦住房管理局的参与程度。据估算，在 1954 年前开工的私人住房建设量为 8600 万美元。[7] 因此，截至 1960 年的 4.62 亿私人住房量中，3.76 亿的私人住房量是在 1954 年后开工的。在这 3.76 亿可由联邦住房管理局提供担保的私人住房量中，2.96 亿，或说 79% 由联邦住房管理局提供担保。

在联邦住房管理局的担保下，由各类金融机构为城市更新开发商提供资金（详见表 8.2）。其中，州和联邦在城市更新地区的私人住房地产的抵押贷款中扮演了举足轻重的作用，占了初始抵押贷款总量的 48% 以上。商业银行（包括州和联邦）共占了初始抵押贷款总量的 64% 以上。另外，抵押公司占了 12.8%，保险公司占了 12.1%，储蓄银行占了 9.5%。

依据第 220 条款提供抵押住房贷款的金融机构　　表 8.2

金融机构	贷款额（千美元）	百分比（%）
州立银行	271306	48.1
国家银行	92217	16.4
抵押贷款公司	72242	12.8
保险公司	67745	12.1
储蓄银行	53734	9.5
储蓄 & 贷款协会	3870	0.7
联邦机构	206	*
所有其他	2203	0.4
总计	563523	100.0

* 少于 0.1%

资料来源：*Annual Reports,* Housing and Home Finance Agency, Washington 25, D. C.; 1956, Table III-18, p. 70; 1957, Table III-17, p. 73; 1958, Table III-17, p. 77; 1959, Table III-17, p. 81; 1960, Table III15, p. 83; 1961, Table III-15, p. 77; 1962, Table III-15, p. 68.

整个城市更新抵押贷款的图系较为复杂，因为抵押契据是可以交易的。金融机构所持有的抵押契据量，反映了他们购买、出售、发起的抵押贷款额等活动。在1956—1960年间，城市更新抵押贷款活动十分活跃，将近50%的抵押契据都发生过交易。相关的交易活动，详见附件A中的表A.14。其中，在出售方面，州银行、抵押公司、国家银行以及储蓄银行的出售量占了出售总量的94.2%。仅州银行就占了60%。在购买方面，联邦国家抵押联合会的比重最大，占了购买总量的73%。

各金融机构的抵押契据量的频繁变动说明了什么问题呢？一旦私人住房获得联邦住房管理局提供的抵押契据，那么，该住房契据就可被联邦国家抵押联合会购买。其核心是，当开发商取得了联邦住房管理局的担保以及联邦国家抵押联合会的抵押契据之后，商业银行就可为开发商提供短期建设贷款。银行从具体的房贷业务中收取利息和等于贷款额1.5%的服务费。[8] 联邦国家抵押联合会的背书是有效期为24个月的有价商品。在有效期内，银行可以随时将背书出售给联邦国家抵押联合会。这种安排对银行是有利的——他们发放的贷款是短期、相对低风险的，却能收获比市场上要高1.5%的利息奖励。商业银行的主要作用是在较短的时期内提供建设资金。一旦建设完成，他们就将抵押契据处置给长期放贷人。

关于城市更新地区私人住房建设的长期贷款的最终来源，可通过检查金融机构所持有的城市更新抵押契据获知。关于金融机构所持有的抵押契据以及相关的金融和交易情况，详见表8.3。毫无疑问，最大的长期放贷人是联邦国家抵押联合会。截至1962年12月31日，联邦国家抵押联合会持有220个城市更新项目抵押契据中的34.1%。州银行持有22.8%，但不难预见，在现有模式下，州银行会将手中持有的抵押契据逐渐抛售给联邦国家抵押联合会。保险公司持有15.4%的抵押契据，也是至今为止唯一作为净购买人的私人金融机构。国家银行占了12.9%。虽然国家银行没有像州银行那般加快出售手中持有的抵押契据，但国家银行也已经开始出售其手中的抵押契据，可以预期其将成为净出售者。剩余的14.8%主要由储蓄银行和抵押公司持有。

1956—1962年间各金融机构对城市更新抵押契据的放贷、购买、出售以及持有情况表8.3

机构	放贷额1956—1962年（千美元）	净额（出售）或购买额1956—1962年（千美元）	持有额1962年12月（千美元）	持有额的百分比1962年12月（%）
联邦国民抵押联合会	206	186836	186120	34.1
州立银行	271306	(149684)	124668	22.8
保险公司	67745	26471	84310	15.4
国家银行	92217	(19022)	70929	12.9
储蓄银行	53734	(7294)	43969	8.0
抵押贷款公司	72242	(49134)	19046	3.5
储蓄&贷款协会	3870	(3200)	245	*
所有其他	2203	14988	17813	3.3

*少于0.1%

资料来源： *Annual Reports*, Housing and Home Finance Agency, Washington 25, D. C.; 1956, Tables III-18, 20, 21 and 22, pp. 70-76; 1957, Tables III-17, 19, 20 and 21, pp. 73-79; 1958, Tables III-17, 19, 20 and 21, pp. 77-83; 1959, Tables III-17, 19, 20 and 21, pp. 81-88; 1960, Tables III-15, 17, 18 and 19, pp. 83-90; 1961, Tables III-15, 17, 18, and 19, pp. 77-85; 1962, Tables III-15, 17, 18 and 19, pp. 68-76.

通常，向多家庭住房建设提供长期贷款的放贷人，如保险公司和商业银行，在向城市更新地区的多家庭住房建设提供贷款方面并不积极。这可能主要是因为其他可替代性的地产投资收益更高，风险更低，从而更具有吸引力。可最近，私人投资者对待城市更新住房抵押契据的态度却出现了转变。1962 年的 10 月 3 日城市更新委员会的委员威廉·L·斯莱顿宣布，由联邦国家抵押联合会签发的总值达 7100 万美元的抵押契据已经于近期作废。[9] 这表明私人资金市场已进入城市更新住房贷款投资业务。

在斯莱顿委员看来，以下事实是导致城市更新住房贷款投资源多样化的主要原因：

1. 联邦国家抵押联合会在 1962 年 2 月宣布，如果因私人资金进入导致多家庭住房抵押契据终止的，联邦国家抵押联合会将退还其所收取的 1% 服务费中的四分之三。

2. 1961 年的住房法案授权联邦住房管理局以现金的形式，而不是长期信用债券的形式，处置城市更新中的损失。

3. 当城市更新项目存在租赁率不理想以及金融风险的情况时，联邦住房管理局有权临时调整贷款形式和条件。

4. 私人金融机构必须寻找到新的借贷业务来缓解由高储蓄带来的压力。

随着传统抵押业务的减少，城市更新抵押会变得更具有吸引力。尤其是当联邦政府试图尽最大可能提高城市更新抵押业务的收益并降低其附带的风险时，城市更新抵押无疑将更具有吸引力。

私人住房新建设中的联邦直接投资

如前所述，在城市更新地区的私人住房新建设活动中，联邦住房管理局为相当比重的私人住房新建设提供了贷款。联邦国家抵押联合会用以购买城市更新地区抵押契据的资金主要是由财政部提供的。其他次要来源还包括运营产生的净收益以及投资清偿金。在 1961 年的住房法案下，总统所授权的针对城市更新的特殊补助款上升到 19.572 亿美元（增加了 9.572 亿美元），其中：

1. 特殊补助款上涨了 7.5 亿美元。

2. 原 1958 年的住房法案（暂行）中特殊援助项目下持有的 2.072 亿美元（由总统特别授权，在 1961 年 6 月 30 日转移）

一旦联邦住房管理局提供了抵押担保，联邦国家抵押联合会就可通过发行抵押契据来购买抵押契据。已有经验表明，绝大多数联邦国家抵押联合会发行的抵押契据在放贷人间流通。因此，通过计算联邦国家抵押联合会已购买或承诺购买的抵押契据在全部抵押契据中所占的比例，我们可以推断出联邦国家抵押联合会的参与程度。截至 1960 年 12 月 31 日，联邦住房管理局在城市更新地区作出了近 2.96 亿美元的抵押担保。联邦国家抵押联合会已购买或承诺购买的抵押契据为 2.74 亿美元，占了 92.5%。到 1961 年底，联邦住房管理局作出的抵押担保达到了 3.67 亿美元；联邦国家抵押联合会已购买或承诺购买的抵押契据为 3.02 亿美元，占了 82.5%。

1962 年后，联邦国家抵押联合会的角色出现了显著性变化；在联邦住房管理局作出的 5.47 亿美元的抵押担保中，联邦国家抵押联合会已购买或承诺购买的抵押契据只有 3.09 亿美元，只占了56.5%。另外，在1962年，联邦国家抵押联合会出售了0.162亿美元的抵押契据，因此，其所占比例下降到了53.5%。根据联邦住房管理局的说法：

在1962年，我们看到了多家庭住房项目（符合第220条款）完全依赖于联邦国家抵押联合会的局面出现了重大转变。从1962年中开始，相当比重的项目由私人借贷机构发放贷款，并且一些联邦国家联合会所持有的抵押契据已经转卖给私人借贷机构。[10]

可以推测，在今后很长时期内，由于存在着大量私人借贷机构不愿放贷的低质量抵押契据，50%—55%左右的联邦住房管理局的抵押契据仍将由联邦国家抵押联合会持有。

因此，城市更新地区私人住房建设所需的资金，在很大程度上，将最终由联邦国家抵押联合会来长期承担。借由这一公共放贷平台，城市更新地区的借贷实现了统一由联邦住房管理局发行担保并有联邦国家抵押联合会放款的局面。从实际效果上看，城市更新是联邦政府的主要直接放贷项目之一，其首要目的是刺激城市更新地区的私人住房建设。同时因为放贷只在政府内循环，导致很少民众知道有这么一种补助手段的存在。

联邦国家抵押联合会在城市更新抵押贷款方面的经验虽然不长，但是，已有迹象表明，这些抵押契据可能存在严重问题。截至1962年的12月31日，联邦国家抵押联合会总共持有1.749亿美元的城市更新抵押契据（符合第220条款）。其中，将近11%是单身家庭住房，而且，只有不足2%的抵押契据存在支付滞后现象。[11]但多人家庭住房抵押契据的情况却与之形成了鲜明对比。

截至1962年12月31日，多人家庭住房抵押契据（占了所有抵押契据的89%）中的27%，存在支付滞后现象，详见表8.4。在这些存在拖欠情况的抵押契据中，2%的拖欠了1—3个月，11%的拖欠了3—6个月，8%的拖欠超过6个月，6%的已经在做清算处理。27%的拖欠率是非常高的值，因为拖欠率一般只有2%—3%或更低。

1960年6月30日至1962年12月31日期间联邦国家抵押联合会持有的城市更新地区多人家庭住房抵押契据情况　　**表8.4**

日期	持有额（千美元）	滞后支付百分比（%）				
		1-3月	3-6月	6月以上	清算处理	拖欠率
1960年6月	63396	—	—	—	—	—
1960年12月	85878	—	—	—	—	—
1961年6月	105531	20	26	—	—	46
1961年12月	126288	2	27	17	—	46
1962年6月	169501	—	13	26	—	39
1962年12月	155880	2	11	8	6	27

资料来源： *Quarterly Report of the Federal National Mortgage Association*, Status of Mortgages in Portfolio, June 30, 1960, through December 31, 1962.

对表8.4进行检查表明，虽然情形很糟糕，但其实情形还算在往好的方面转变。在1961年，拖欠率高达46%。至1962年中，下降到39%，然后在1962年底下降到27%。这部分归功于联邦国家抵押联合会调整了抵押条款，部分归功于公寓的出租率逐渐上升从而导致抵押契据的升值。但是，联邦机构仍在十分慎重地处置抵押契据。联邦住房管理局以为：

地方办事处需谨记，在1962年仍需对符合第220和221条款的项目抵押开展积极主动的服务，因为项目抵押贷款在早些年非常困难，而这些困难是可以通过及时发现不利条件，以及提升联邦住房管理局的行动力和抵押契据的质量来消除的。[12]

高拖欠率对城市更新的未来有很强的警示意义。过去，联邦国家抵押联合会在私人住房建设放贷方面扮演着重要角色；而私人住房建设是城市更新建设活动中的主体部分。如果这两个趋势继续发展下去，联邦国家抵押联合会将逐渐发现，相当比重的城市更新抵押契据仍将由其持有。因此，必然要明确高拖欠率是暂时现象还是因为抵押契据的质量不高。如果质量不高，那么，在未来的某个时间段，联邦国家抵押联合会很可能将会清偿相当数量的抵押契据。

为什么相当数量的抵押契据存在支付滞后情况呢？这一情形可能是因为城市更新是个新事物，所以相关住房需求暂时不足。如果某一高档公寓被贫民窟包围，那么人们普遍对是否搬入这一高档公寓会保持谨慎态度。但随着城市更新地区出现越来越多的新建筑，这一问题的影响会减弱。可是，一般性的城市更新项目的规模大概为48英亩。[13]在绝大多数时候，这般规模的项目很难消除周边社区带来的消极影响。由此推断，虽然随着城市更新地区新建筑的增加，周边环境的改善，未来的需求有可能会上升，但是，这些地区的空间需求仍然会相对不太旺盛。

总结：有迹象表明，私人住房建设活动仍将是城市更新活动中最为重要的组成部分，联邦国家抵押联欢会仍将是私人住房建设活动的放贷主体，对私人住房建设活动的需求仍将不太旺盛，从而投资抵押契据仍然是高风险的。其结果是，联邦政府发现自己在这一私人房地产市场上扮演着相当重要的角色，手上持有着众多存在拖欠现象的抵押契据。

现如今，关于城市更新地区的商业和工业建设活动的贷款来源方面所知甚少。这类建设活动并不存在政府担保的贷款情况，除非是作为联邦住房管理局住房项目的组成部分。因此，绝大多数商业和工业建设活动的资金来自私人。虽然，很难取得这方面的定量数据，但我们仍可能从定性分析这类资金的主要来源。大型的人寿保险公司是这类资金的首要提供者，大型储蓄银行在有限的地区（如纽约）也提供这类贷款。养老基金在商业和工业建设活动中也越加活跃，但基本没有大型商业银行活跃在这类建设活动中。詹姆斯·劳斯公司（James W. Rouse and Company）的副主席认为：

商业开发商依赖于传统贷款，其中人寿保险公司更是其首要来源——大型人寿保险公司，因为商业开发是大项目。同时，某些地区的大型的储蓄银行在这一领域也十分活跃。但只是有限的几个地区。以纽约为例，作为绝大多数大型储蓄银行的总部所在地，储蓄银行很难在邻近州开展传统放贷活动。基本没有大型的商业银行在这一领域内起着重要作用。养老基金在这一领域正扮演着越来越重要的作用。因此，作为代表了大型人寿保险公司利益的抵押银行家对养老基金的情况一清二楚，知道承包商亟须抵押贷款。[14]

城市更新总成本的融资情况

实施城市更新计划需要大量的资金。那么，是否可能有足够的资金呢？若有，是谁来提供资金呢？这些问题的答案，对于联邦城市更新计划的未来至关重要。城市更新计划的未来就隐藏在这些问题的答案中。虽然我们无法知道准确答案，但是，根据城市更新过去的实践经验，我们仍能对未来发展作出某些结论。

城市更新项目的总成本大致等于项目净成本和私人建设成本之和。新建公共建筑的成本通常包括在项目净成本之中。因为项目总成本中包括了开发商用于土地清理的费用，而土地清理的费用又包括在私人开发商的建设成本之中，所以，在这里不宜使用项目总成本的概念。

截至1961年3月31日，在城市更新计划的实践中，有20%左右的私人建设活动是商业和工业开发。这类建设活动是完全由私人和私有金融机构进行贷款的。剩余80%的私人建设活动主要是私人住房建设活动，因此符合联邦担保和联邦贷款要求。

据估计，近79%的私人住房建设活动由联邦住房管理局提供担保。在这些由联邦住房管理局提供担保的抵押契据中的55%左右是由联邦国家抵押联合会代表联邦政府购买持有。这就意味着城市更新地区近43%的私人住房建设成本是由联邦政府提供的。

如果将城市更新地区所有的私人建设活动视为同一大类看待，那么，我们将发现联邦政府（以联邦国家抵押联合会的名义）为城市更新地区35%左右的私人建设活动（包括商业和工业建筑）提供了贷款。在对城市更新地区的私人建设活动进行分析时，我们都应将由私人提供贷款的私人建设活动和由公共财政提供贷款的私人建设活动区分开来。

项目净成本是城市更新总成本的另一组成部分。项目净成本的三分之二是由联邦政府提供的；剩余的三分之一是由项目所在地的政府提供的。在有些地方，州政府也会部分分担地方政府的支出。

小结：城市更新总成本包括了项目净成本和私人建设成本。项目净成本完全由联邦、州和地方政府支付。在此基础上，联邦政府还担负了近35%的私人建设成本。另外65%的私人建设成本由私人和私有金融机构承担。

在这些关系的基础上，我们可以估算出，在城市更新总成本中，大致有多少是由公共财政支付的；有多少是由公共财政放贷的；又有多少是由私人金融机构放贷的。

为了回答上述问题，我们首先必须对项目净成本和私人建设成本的重要性进行估算。如果我们接受联邦政府的观点，即每1美元的公共资金投资能带动3.65美元的私人建设资金，那么我们将得出以下结论：

1. 联邦、州和地方政府三者总共要承担城市更新总成本的21%。其中，联邦政府要独自提供14%；州政府和地方政府提供剩余的7%。

2. 城市更新总成本的27%由联邦政府通过联邦国家抵押联合会提供贷款。联邦国家抵押联合会给私人开发商的贷款期限最长为40年。

3. 剩余的52%的城市更新总成本由私有金融机构和私人投资者提供长期贷款。一些长期贷款中的部分资金可能由联邦住房管理局提供担保。[15]

因此，如果继续按照原先的城市更新融资模式运作，且每1美元的公共财政投入能带动3.65美元的私人投资，那么城市更新总成本中过半数的资金将由私人市场提供。另外近半数的资金由公共财政支出，其中联邦政府的支出是大头。

但这一结论是基于每1美元的公共财政带动3.65美元的私人投资的假设作出的。现在让我们来看看实际情况。截至1961年3月，超过14.30亿美元的公共资金已经投入，但估计只有8.24亿美元的新建设活动已经启动。在这8.24亿的新建设活动中，私人建设活动为5.77亿美元，公共建设活动为2.47亿美元。因此，为了启动5.77亿美元的私人建设活动，需要花费近14.30亿美元的公共资金。有人认为这样的比较并不合理，因为公共资金的投入总是要早于私人建设活动的，这14.30亿美元的公共资金在将来完全有可能带动更多的私人建设活动。这可能是对的，但是持有这一观点的人却忽略了在私人新建设活动真正完工之前，公共支出到底是多少。如果我们假定，联邦城市更新计划仍将继续扩展，那么我们就必须以动态的眼光来考虑整个进程。只要城市更新计划继续扩展，公共财政支出将总是早于私人投资。因为资金流入时间极其重要，我们必须将资金流入时间考虑在内。

如果我们乐观些假定，在5.77亿美元的私人建设活动中，80%已经在1961年3月31日前完工，即需要花费14.30亿美元公共资金来带动4.60亿美元的私人新建设，且即使不存在联邦城市更新计划，4.60亿美元私人新建设中的半数左右仍可能会建成。这就是说，截至1961年3月31日，在城市更新领域，每1美元的公共财政只带动了0.32美元的私人建设活动。虽然随着联邦城市更新计划的不断成熟，这一比重会不断加大，但是，再怎么增加，每1美元的公共财政也不可能带动3.65美元甚或6.0美元。

截至1961年3月31日，联邦、州、地方政府估计提供了城市更新总成本中85%以上的资金。在今后，这一比例很可能出现下降，但是，这一假定仍具有合理性：如果联邦城市更新计划继续扩展下去，公共资金的投入金额仍将远多过私人资金。

如果私人建设与公共财政支出之间的比率出现了变化，城市更新中私人资金所占比率自然也随之出现变化。举例而言，如果除了比率外其他因素都保持不变，那么就可能出现以下情形：如果比率是6∶1，私人资金量将占总成本的55%左右；如果比率是2∶1，私人资金量将占总成本的45%左右；如果比率是1∶1，私人资金量将占总成本的32%左右；如果比率是1∶3，私人资金量将占总成本的16%左右。

如果未来的融资模式没发生太大变化，那么在城市更新达到相当规模之前，显然还需要巨量的公共资金流入城市更新计划。在任何情况下，公共资金投入量都是巨大的。部分是因为以联邦国家抵押联合会名义进行的联邦直接放贷额是如此巨大。联邦政府是城市更新最主要的资金提供者。私人金融机构是城市更新第二大的资金提供者。州和地方政府提供了相对较少的资金。

联邦纳税人已支付并将继续支付城市更新总成本中的大部分。近40亿美元已经投入其中，并且，还要投入更多的钱。在1959年内务委员会召开的有关财政拨付的听证会上，内务小组委员会中负责城市更新财政拨付事项的艾伯特·托马斯（Albert Thomas）主席对原联邦住房委员会委员诺曼·梅森（Norman Mason）和城市更新委员会委员理查德·斯坦纳（Richard Steiner）发问道：

托马斯先生：城市更新的拨付资金是13亿美元。我们目前已准备了部分资金。请问，在未来的十年内，你们认为仍将投入多少资金？距城市更新完成90%仍要多久？是否资金不够用时，又从头再来申请？

梅森先生：经济发展委员会对此有所估算。在他们的估算中，城市更新投资规模将持续增长。

托马斯先生：那你们是否也有估算？

斯坦纳先生：对未来的全国更新投资额而言，我并不认为存在任何可靠的、有效的估算值。[16]

城市更新计划是一项可能花费联邦纳税人十亿美元以上的计划，因此，我们必须清楚，谁将提供资金以及资金都花在哪了。

近60亿美元的公共财政已经定向拨款给联邦城市更新项目。联邦城市更新计划的拥护者相信，大面积的城市用地应低价出售给私人开发商。政府应以征用权来取得集中成片的城市用地；并以公共财政补助的方式来使私人开发商低价获得土地。

让公众来支付城市更新中的绝大多数费用的观点和当前绝大多数城市更新直接关系人所持观点完全不同，而这可说是本次研究最为重要的结论。在1962年，城市更新管理局专员威廉·L·斯莱顿曾说过：

在住房管理局的行政官罗伯特·C·韦弗（Robert C. Weaver）的某次讲话中透露了城市更新可能的投资规模：

“1961年的住房法案明确将在未来的4年划拨20亿美元用于城市更新——等于过去12年间国会所划拨给城市更新计划的总和。所以，用数额上来说，城市更新的步伐将比过去加快3倍。”

“当然，这40亿美元的资金只是“种子资金”。那些拥有城市更新项目的社区需要以现金或其他形式投入20亿美元左右的资金。同时，我们期望，这些公共投资能带动200亿美元的私人投资。”

“因此，城市更新的总投资将达到260亿美元。”

在所谓的“种子资金”之外，根据第220条款，联邦国家抵押联合会所持有的抵押契据是另一种形式的“种子资金”。除非哪天抵押契据的钱完全由私人市场来承担。[17]

假设联邦政府和地区社区投入了60亿美元，而“私人”市场投入了200亿美元。那么，本研究已表明，在整个过程中70亿美元的私人投资其实很可能是联邦政府的直接投资。因此，在这260亿美元的总投资中，公共资金所占份额是130亿美元，而不是60亿美元。其中，70亿美元是联邦的直接贷款，40亿美元是联邦拨款，20亿是地方资金。这清晰地表明了联邦国家抵押联合会在城市更新中扮演着举足轻重的角色。在上述事实面前，过去那种把联邦国家抵押联合会所提供的资金视作“种子资金”并认为私人市场将逐渐承担起所有资金的假定是存有问题的。

在上述的推测中，并没有把公共资金投入和私人资金投入间的时间差考虑在内。根据我们之前的估算，至1961年3月31日，60亿美元的政府资金只能带动约6.75亿美元的私人资金，远低于200亿美元。如果城市更新继续按照现有模式运行和扩展，那么，这一比重将基本保持不变。因此，在任一情况下，一旦我们把公共资金投入和私人资金投入间的时间差考虑在内，将城市更新计划的运行模式考虑在内，那么，显然在任何一个时间点，公共资金投入量都将远大于私人资金投入量。

如果实施城市更新计划所需的资金不可能来自私人金融机构，那么，只能通过政府的长期贷款和直接拨款来提供。如果作出大力推进城市更新计划的决策，并且政府有必要提供绝大多数的资金，那么需要开展大量的工作，甚至可能需要动用通货紧缩政策。不难想象，城市更新计划的融资会通过以下几种途径：

1. 对现有的公共资源进行重新再分配。
2. 增加税收。
3. 增加国家债务。
4. 资源再分配、增加税收、增加国家债务的组合。

在不远的将来，对公共资源进行大幅的再分配基本不可能。为了增加城市更新中的财政配额，哪些政府职能可被削减呢？国防、越南战事、农业项目、国家债务利息等，都不大可能出现大幅削减。在众多的联邦计划中，联邦城市更新计划是相对次要的。在与其他联邦计划相竞争的过程中，联邦城市更新计划所花的每一美元必须要能带来政治和经济上的收益。

通过增加税收来增加城市更新资金的方式也基本不可能。以城市更新为目的增收税赋，改变财富再分配方式，使财富流向改善居住条件和建设更有秩序的城市方面。不言而喻，这意味着纳税人收入中的很大比重将用于住房和城市改善。可以想见，如果由纳税人自己来决策的话，他绝不会如联邦城市更新计划的拥护者那般支持这一计划。

即使通过长期贷款的方式对联邦城市更新计划进行投资，是否有足额的资金可供支撑仍然是值得怀疑的。因为贷款一旦使用，那么，这笔钱将不再能用于其他用途。显然，与其他可替代用途相比，城市更新并不具有竞争力。

公共资金的来源以及其他可选用途是决定多少资金进入城市更新领域的重要因素。合理的假定是，除非城市更新产生了广泛影响，否则，不大可能有几十亿美元的公共资金投入城市更新领域。但同时，城市更新的社会影响越大，这一计划的反对者也越多。这清楚表明了一点：如果想要城市更新按计划运作，那么需要投入几十亿美元以使城市更新产生深远影响；而且大部分的资金必须要来自私人资源。

在过去，决策者从未考虑清楚私人资源能否为城市更新提供足够的资金这一问题。事实是，如果城市更新要取得成功，必须要有大量的私人资金。但那些希望城市更新取得成功的人只是盲目地假定，私人金融机构会提供这些资金。当然，不能否认存在这种可能性，但其可行性却基本不存在。

当然，未来融资的方式可能会出现很大变化。但是，如果融资方式真的发生了变化，那么有些事情也必然改变。那些认定私人融资机构能提供绝大多数资金的人必须说清融资模式的变化如何才能实现。在说明各种可能的融资模式后，必须要对其成功的几率进行评估。过去，城市更新的拥护者们只是依赖于可能性而不是可行性作出判断。

注释

[1] Innes, John W., *Urban Renewal Policies and Programs in the United States,* November 1960, Housing and Home Finance Agency, Washington 25, D. C., p. 31.

[2] Bloomberg, L. N., H. D. Brunsman, and A. B. Handler, "Urban Redevelopment," *America's Needs and Resources: A New Survey,* Twentieth Century Fund (1955), p. 512.

[3] Isaacs, Reginald R., "The Real Costs of Urban Renewal," *Problems of United States Economic Development,* papers by 49 free-world leaders on the most important problems facing the United States, Committee for Economic Development, Vol. 1, New York, January 1958.

[4] Innes, *op. cit.,* p. 35.

[5] Mr. David Rockefeller, President and Chairman of the Executive Committee, Chase Manhattan Bank, New York, N. Y.

[6] In this study estimates of actual construction activity are only available through the end of 1960, even though data on the sources of financing are available through the end of 1962. In order to make the data comparable in analyzing the financing of construction activity only the data for the period ending 1960 will be used here.

[7] The private construction started in urban renewal areas before 1954 is summarized:

State	*Total Construction Started (thousands of dollars)*	*Residential*	*Commercial*	*Industrial*
New York	$64,500	$64,000	$ 500	$ —
Illinois	22,915	22,000	2,915	—
Virginia	10,137	—	6,575	3,562
TOTAL	$97,552	$86,000	$9,990	$3,562

SOURCE: Physical Progress Quarterly Reports (unpublished), Urban Renewal Administration, Form H-6000, Washington, D. C., March 31, 1961.

[8] Interview, Mr. John Tyler, Loans Manager, Federal National Mortgage Association, Washington, D. C., March 1, 1962.

[9] News Release HHFA-URA-No. 62-568, Urban Renewal Administration, Washington 25, D. C., Wednesday P.M., October 3, 1962.

[10] *16th Annual Report,* 1962, Housing and Home Finance Agency, Washington 25, D. C., p. 43.

[11] *Quarterly Report of the Federal National Mortgage Association,* Status of Mortgages in Portfolio, December 31, 1962.

[12] *16th Annual Report,* 1962, Housing and Home Finance Agency, Washington 25, D. C., p. 43.

[13] *Urban Renewal Project Characteristics,* Urban Renewal Administration, Washington 25, D. C., December 31, 1962, Table 3, p. 9.

[14] George M. Brady, Jr., Vice-President, James Rouse and Co., Washington, D. C., "Entrepreneurial Considerations in Commercial Redevelopment," *Private Financing Considerations in Urban Renewal,* 6th Annual NAHRO Conference, April 16–18, 1961.

[15] *Note:* No allowance has been made for the small percentage of equity money supplied by the private developers.

[16] Johnson, T. F., J. R. Morris, J. G. Butts, *Renewing America's Cities,* The Institute for Social Science Research, Washington, D. C., 1962, p. 79.

[17] "Investment Needs in Urban Renewal," Remarks by William L. Slayton, Commissioner, Urban Renewal Administration, Housing and Home Finance Agency, at the Urban Renewal Seminar sponsored by the Mortgage Bankers Association of America in Cooperation with ACTION, Inc., Chase-Park Plaza Hotel, St. Louis, Missouri, Wednesday, February 21, 1962.

第9章　城市修缮

看，我把一切都变为新的。

启示录 21：5

如现有迹象所示，以土地清理为手段的城市更新开展得并不理想，因此，将现有建筑的修缮摆在了突出位置。之所以转向强调住房修缮的首要促因可能是，随着千万人流离失所，在政治层面上对大规模拆迁的反对声音越来越大。另一因素是，如果以土地清理为手段的城市更新扩展过快，将缺乏足够的住房需求来消化空置土地。因此，似乎唯一的答案只能是，让既有产权人和租户对现有建筑进行修缮。当今，住房修缮常被认为是解决破败住房的唯一可行途径——破败住房是指那些既没有差到必须要摧毁的地步，质量又没能达到统计局或当地公共机构所确认标准的住房。至今，没人关注住房标准是什么、该由谁来认定的这一基础问题。住房和家庭财政部门的行政官罗伯特·韦弗，在最近的一次演说中说道：

在人口快速增长的今天，显然，我们不可能置换掉所有破败的住房。美国人的住房需求，只能通过对那些拥有保存价值的住房进行修缮，对那些没有保留价值的住房进行更替来实现……如果我们想要建立并维持城市的健康，住房修缮是必要的，也是必将开展的工作。[1]

关于联邦城市更新计划，联邦政府正在制定一项关于保存、修缮和再开发的政策，并在不久的将来有望付诸实践。根据 1954 年的住房法案，大面积的城市地区住房修缮，即衰退地区的住房修缮的基本手段由城市自行决定。但这些手段的效果如何呢？

至今，联邦资助的城市住房修缮进展并不如意。即便将城市再开发要比住房修缮和保存早 5 年启动这一因素考虑在内，住房修缮仍是严重滞后，并且毫无迹象表明，高质量住房的供给有所增加。

截至 1957 年 12 月 31 日，涉及由联邦政府资助的住房修缮工作的城市更新项目有 157 个。在这些项目中，地方城市更新机构决定对其中的 119314 个家庭进行住房修缮。地方城市更新机构的官员认为，在这 119314 个住房中，有 91769 个住房需要进行程度不一的修缮。但真正实现的只占了很少部分。在 91769 个需要修缮的住房中，只有 6027 个住房，或说 6.6% 真正得到了修缮。另外以报告日为准，有 4662 个住房正在开展修缮工作。剩下的 81080 个住房仍未开展任何工作。[2]

截至1962年12月31日，涉及住房修缮的城市更新项目达到了225个；需要进行住房修缮的住房单元数超过了148000个。根据城市更新管理局的数据，近25000个或16.9%的单元真正得到了修缮。[3] 因此，即使在城市更新的主要重心已转移至住房修缮的这三年中，只有不足19000个住房得到了修缮。

与城市再开发的数量或私人市场所实现的住房修缮数相比，联邦资助的住房修缮数是非常小的。在1950—1960年间，估计有660万的非标准的住房单元得以修缮，260万住房单元通过拆除、合并或其他手段而消失不见。所有这一切都是通过私人市场实现的。同样在这十年间，有225万原标准住房变为非标准住房，另有150万非标准住房得以建成。也就是说，社会上减少了545万的非标准住房单元。预计，在1960—1970年间，将再减少600万的非标准住房单元。[4]

今日，全美仍有近1100万的非标准住房单元。如果保持现有每年近6000个住房得以修缮的速度，联邦城市更新计划需要花费1800年以上时间来实现对现有的非标准住房的修缮。当然，这是极端情况，并没有把城市更新计划的规模出现扩张、运行得更为高效及私人市场在减少非标准住房方面的努力考虑在内。但是，这显然说明，住房修缮的主要力量来自于私人资源。联邦城市更新计划在其中只是扮演了次要的或说微不足道的角色。

住房修缮的经济性

住房修缮的可行性主要由经济学决定。这是一个关于需要多少资金及能动用多少资金的运算方程式。由私人投资的住房修缮之所以能开展得起来，主要是因为这是由想要对住房进行改善并愿意也能够为此支付金钱的人作出的。而城市更新中的住房修缮之所以进展如此缓慢，是因为住房修缮主要依赖于私人业主的自愿支出以及地方政府的行政强制。[5] 私人业主清楚理解必须要为修缮他们的住房支付相当数量的私人资金之前，通常乐意接受住房修缮的概念。但等他们知道后，就往往又退缩了。有些居民是因为没有足够的钱；有些是因为他们更乐意将钱花在其他地方。这就使得各地城市更新机构的官员们必须面对以下两种情况：

1. 他们或者面对现实，即他们不能按他们计划的时间和地点进行住房修缮。
2. 他们或者通过联邦政府提供的资金补助和地方政府的行政强制进行住房修缮。

联邦住房修缮计划的首要目的是，人们开展住所修缮和在住所中继续生活应是经济上切实可行的。联邦政府似乎已经意识到，如果没有以联邦补助形式提供的大量公共投资，这是无法实现的。在住房法案下，在法定的限度内，联邦住房管理局有权对城市更新地区由私人金融机构提供放贷的住房修缮项目提供抵押担保。住房法案还允许联邦住房管理局向这类房地产提供再融资担保。城市更新地区的业主，由此可以获得联邦住房管理局提供担保的贷款资金包括建筑修缮费用以及未清偿抵押费用。

作为城市更新地区的私人业主而言，最为有力的条款是第220条款，即由联邦住房管理局提供担保的房地产能进行融资。至1961年6月，融资的利息是5.25%以及未清偿抵押费用的0.5%作为担保佣金。这些抵押贷款的期限可长达30年，或建筑使用寿命的75%，以两者中的低值为准。[6]

让我们分析一下联邦住房修缮计划的合理性。似乎，这一计划的组织者们假定，贫民窟中有相当数量的居民希望对其住房进行修缮，但是因为他们既没钱也无法获得贷款，所以没有进行住房修缮。而贫民窟中相当数量的居民是否愿意支付其收入中的大笔资金用以住房修缮是个仍需要讨论的问题。最乐观的假定无疑是，所有的贫民窟业主都对改善其住房怀有强烈的要求，而阻止他们对住房进行改善的原因只有一个：他们的收入是如此之低，以至于他们的收入只能维持生计，或他们拥有偿还住房修缮费用的能力，但是他们无法获得所需的贷款。

联邦住房修缮计划被寄望于能实现以下两个目的：

1. 贷款对那些拥有偿还能力的人是切实可行的。

2. 通过联邦补助的形式，可以保证在不提高业主每月开支的前提下，实现对住房条件的重大改善。在一些案例中，人们甚至期望，通过联邦补助能实现每月开支的减少，从而刺激住房修缮。但如何才能实现呢？

以下两种手段可用于实现上述目的：

1. 提供低于市场利率的抵押贷款。

2. 延长贷款的年限。

如今，贫民窟地区大多数住房的抵押贷款利息相对较高且年限很短。这主要是因为私人金融机构认为，这类性质的贷款比其他贷款所花成本更高，风险更大。一般而言，这类住房抵押贷款占银行贷款业务的比例有限，因此私人金融机构所能获利也相对有限。而且，这类小额贷款需要花费的服务时间却和大额贷款一样多，甚或更多。另外，贫民窟地区的借贷人的信用能力以及他们偿还贷款的可能性通常又比其他地区的人要更低些。由于这两方面的考虑，借贷机构一般不愿意借钱给贫民窟里的业主。即使他们愿意放贷，还款年限和利息也相对较高。

对贫民窟中的部分业主而言，如果住房修缮能实现每月支出的减少无疑是极具有吸引力的；如果同时能获得修缮所需的贷款，那么，住房修缮项目数肯定会增加。但是，私人金融机构是否愿意增加贷款量、降低贷款利息、延长贷款期限，从而加剧自己所承担的风险？虽然，人们难以预料未来会发生些什么，但是，这几年政府在住房修缮方面的实践却不尽如人意。对于金融机构而言，其他投资项目无疑是更富有吸引力的。住房和家庭财政部门的现任行政官曾说道：

> 为了促进住房修缮，1961 年的住房法案中专门设定了有关联邦住房管理局提供担保的条款……可惜的是，金融机构对住房修缮计划并不积极。[7]【下划线上文字系作者明示】

显然，私人金融机构不大可能提供这类贷款。除非利息足够高到能达到金融机构的投资要求，他们才会认为这类贷款具有吸引力。那么，资金该从哪来呢？

为激励金融机构的积极性，1961 年的住房法案第 220 条款，授权联邦国家抵押联合会购买由联邦住房管理局担保的抵押契据。另外，另一项激励措施是，如果抵押贷款出现了拖欠情况，联邦住房管理局需要以现金的方式将拖欠款支付给借贷人，而不准用政府证券作为代替。以现金支付的方式是否真的有助于这一激励政策仍然有待商榷。而授权联邦国家抵押联合会购买住房修缮项目的抵押契据，其效果无疑将与购买新建筑类的抵押契据类似，即联邦国家抵押联合会将是购买住房修缮项目的抵押契据的主要主体。如此，联邦政府就能以按低于市场利息提供长期贷款。

在当前的联邦住房修缮计划下，有效改善住房质量在经济上是否可行主要取决于三方面的因素：首先，每月的住房开支增加额度不能大于超过业主的支付能力或租客愿意增加的租金额度。其次，私人金融机构必须拥有充足资金以支持必要的修缮项目。即使住客和业主愿意承担每月更高的抵押还款额，联邦住房管理局也乐意提供抵押贷款担保，如果私人金融机构不提供抵押贷款，任何事都不可能完成。第三，抵押贷款额度与修缮后住房的评估价值之比必须保持在联邦住房管理局规定的限度之内。[8]

无论社区需要多少资金用以改善住房，只有在住房修复所需的资金有所保障的前提下，住房修缮才会出现。但是，按其工资水平或银行存款，贫民窟里的绝大多数业主不大可能支付得起住房修复费用。因此，住房修缮活动必须要能得到抵押贷款。

私人借贷机构是否愿意贷款给住房修缮项目，取决于一系列因素。修缮后的房产价值和所需贷款金额之比既要符合相关规定，也要控制在私人借贷机构的可接受范围之内。贷款和房产价值之间的比率，由以下两个因素决定：

1. 修缮前的住房价值以及修缮产生的增加值。
2. 业主在房产中拥有的产权份额。

修缮后的房产价值减去业主拥有的产权份额，就等于业主所需的贷款额。如果贷款和住房价值之间的比率既在法律许可范围之内，也在借贷机构的可接受范围内，下一步将是确认借贷人是否具有还贷能力。贫民窟中房产业主或租客的收入通常较低，考虑到其实际收入，每月住房开支的小额增加都有可能是很大一笔支出。因此，贫民窟内的业主或租客不能或不愿增加他们的月住房开支，即便他们对住房进行修缮有很大需求。住房改善必须与其他替代消费行为进行竞争，如食物、衣服和娱乐。对自身不住在贫民窟的业主而言，也许可以通过增加租金的方式来收回他们的投入；但是，对于贫民窟内的租客而言，也许并不愿承受更重的房租。

另有三大因素导致住房修缮在经济上不可行。首先，在地方更新机构的概念中，住房修缮的条件不仅需要求住房需具有吸引力，同时住房还需达到当地法规规定的最低要求。同时，具有吸引力的建筑外立面通常是很花钱的。第二，因为修缮会增加住房价值，房地产税评估同样会上升，除非政府能出台特别规定豁免修缮后住房升值部分的房地产税。如果房地产税增加，业主每月的纳税额将增加，而这部分增加的税额很大程度上将转移到租客身上，因为业主会试图转嫁这部分增加的税额。第三，即使修缮后住房的月支出没有增加（房地产税额不变，同时，因为有公共补助，抵押贷款的月支付保持不变或有所下降），住房价值仍将会上升。因此，如果政府没有强制要求业主保持月房租不变，业主极有可能会上涨月房租；尤其是当整个地区变得富有人气、适宜居住时，就会出现收入更高的人群和现有租客抢夺这个区域的居住权的现象，那样月房租势必将上涨。除非有严格的租金控制手段，否则，房租涨幅率将等同于住房的增值率。

案例研究

最近，切斯特·雷普金（Chester Rapkin），某知名的住房经济学家，对波士顿市的某一住房修缮项目提案进行了深入研究以确认该项目在经济上是否可行。这一项目属于典型的更新类项目，71%的人口是黑人，16%的住房单位处于城市最低标准。这一地区的收入水平相对较低，但是月租金相对较高。月租金和收入的比值（中间值）是0.30，即这一地区半数家庭的住房支出占了他们收入的30%。关于这一地区的家庭收入、月租金、月租金和收入的比值以及住房条件，详见附件A中的表A.15和A.16。

雷普金认为，这一地区35%—46%左右的住房不具备进行住房修缮的经济可行性。其理由如下：

1. 所需贷款额大于联邦住房管理局能担保的额度。
2. 当前的在押房地产中，债务类服务有所增加。
3. 当前的非在押房地产中，月租金上升了10美元或更多。

如果房地产税同样上升（波士顿市的政策可能禁止房地产税上升），那么68%的住房将不具备住房修缮的经济可行性。雷普金对于可行性的定义如下：如果修缮不增加租金额或当前在押房地产的成本，或当前非在押房地产的月租金涨幅低于10美元时，住房修缮在经济上是可行的。这一地区近60%的住房单元是在押房产。他认为，考虑到现有租客的房租支付能力，这一定义是切实有效的。当然，如果定义得更宽松些，那么，从纸面数字上看，经济可行性看似会出现大幅提高。在现有的规划中，质量最差的建筑以及那些位于拟建社区公共设施所在地的建筑将被拆除。现居住在这些建筑中的人们将不得不往他处寻找新住所。在谈及这一问题时，雷普金说道：

> 因为这部分人的低收入以及住房市场对黑人的固有歧视，这一问题变得更为复杂化。这部分人的再安置将变得非常困难。<u>这一地区房租的普遍上涨将加大这部分人寻找新住所的难度，从而导致找到满意住房的可能性基本不存在</u>。[9]【下划线上文字系作者明示】

住房修缮的前景——三种可能性

在联邦城市更新计划下，住房修缮存在三种较为明确的可能前景：

1. 住房修缮计划继续按既有模式运行，但有大量的私人资金流入住房修缮计划。
2. 大量私人资金将不大可能流入住房修缮计划，联邦政府将不得不注入大量的联邦资金用以资助住房修缮活动。
3. 私人和公共资金都不可能大量流入住房修缮计划，联邦住房修缮计划将出现停滞。

以下章节内容将着重分析这三种可能前景，尝试对每种前景的可能性和可能后果进行评估。

在第一种前景中，假定大量的私人资金将会进入住房修缮项目。在评估其可能性之前，让我们先来看看一些可能的后果。这是因为即使果真有大量私人资本注入，仍存有一些严峻问题。对于贫民窟地区相当数量的居民而言，住房修缮意味着月支出的增加。业主普遍不愿掏钱修缮他们的住房。即使有足够的钱进行修缮，业主仍可选择：

1. 出售住房并搬走；

2. 减少其他开支，将钱用在住房修缮方面。

对于那些无法承受更多的月支出的人而言，他们唯一的选择是被迫搬走。而地方更新机构则有权收购他们的住房，开展住房修缮活动，然后将修缮后的住房出售给其他私人个体。最关键的是，联邦住房修缮计划迫使业主要么对住房进行修缮，要么将其出售。业主本人是住户的，他将不得不进行修缮或搬走。至于租客，要么交付更高的房租，要么搬走。

住房修缮项目所产生的问题，与典型的再开发项目所产生的问题非常类似，如征用房地产，拆除建筑物，改善用地，然后将其出售给其他私人个体。因住房修缮活动不得不搬走的人们，自然也不得不搬进某个他们可负担得起的社区。而这极易导致那一社区的过分拥挤和环境恶化。

在一些城市，住房修缮活动似乎运行良好，但是，如果没有代价，这是不可能达成的。迄今为止，有效的住房修缮技术只能适用在小规模尺度内。至今只有极少数住房修缮项目已经完工这一事实本身就清晰地传达出这层意思：住房修缮需要开展大量的说服和强制执行工作。例如，康涅狄格州的纽黑文，通常被视为美国城市更新方面的经典案例，相关指标表明该市在住房修缮方面取得了重大进展。但是，该市在住房修缮活动中所采取的措施实际上也已出现了一些问题，从而导致人们对住房修缮这一概念的质疑。玛丽·S·霍曼（Mary S. Hommann），纽黑文市伍斯特广场项目（Wooster Square）的经理认为：

在纽黑文市，有专门的城市法规规定需开展住房修缮活动（住房法案）……该法案可由法院强制执行，包括罚款和入监两种惩罚措施。如果没有该住房法案以及政府的意愿和强制执行，业主自行开展住房修缮是不可能的……另外，对于那些拒绝或无法将住房修缮至法定标准的业主，城市法规对其另有规定。在政府的城市更新计划下，地方更新机构可以以征用权之名购买他们的住房。因此，正因为手中拥有着“大棒”事实上，是两根“大棒”……我们才能以较轻松的语气谈论住房修缮。[10]

“大棒”说也许真能发挥作用，但是，如果住房修缮计划仍以现有模式大规模推行，那么，逐渐的，受其影响的人们极可能强烈地抵触该计划。

这一观点假定大量的资金将会流入住房修缮计划。因此，现今的重要问题是，私人借贷机构是否可能提供足够的大额资金。在不久的将来，基本不存在这一可能前景，理由如下：住房修缮仍存有较大的不确定性，绝大多数的借贷机构倾向于将住房修缮视为高危业务。即便贷款不大可能出现坏账，借贷机构仍不会认为住房修缮业务对其具有吸引力，因为这类贷款额度非常低，因此所得获利不一定会大于投入成本。另一个困扰着借贷机构的问题是，如果在住房修缮地区发生火灾或其他严重意外情况怎么办。虽说这一问题是由住房的质量不佳和住房修缮地区环境差所引发的，并可通过住房修缮活动加以消除的。但是，对借贷机构而言，什么可能发生才是他们关注的重点。因此，大量私人资金将会注入住房修缮计划是值得怀疑的。

如果住房修缮计划将继续运作下去并且能实现公寓和住房的修缮，那将只存有一个符合逻辑的可能前景——使用纳税人的钱。通过公共补助金、信贷津贴、对住房税收评估值进行下调等方式，或这几种方式的组合，投入大量资金补助贫民窟的居民，而这又需要提高税收，增加公共债务，或者削减其他公共支出。同时，政府必须严格控制租金，否则，随着住房修缮地区的住房质量和环境改善，租金将会出现上扬。

全美将近1000万家庭需要此类补助。让我们保守地估计，这些家庭的平均在押贷款额度是4000美元，住房修缮的平均成本是2000美元。那么，这将意味着，为了要使住房修缮计划真正具有影响力，需要近600亿美元的公共财政用于住房修缮。一旦考虑到全美其他公共计划对税收和存款的需求，住房修缮能否占有如此巨大数额的公共资金是很令人怀疑的。毫无疑问，如果美国人民乐意投入大量的钱并牺牲一定的自由，住房修缮是能够完成的。但是，在当前，并没有任何的迹象表明这点；这点在不久的将来也不大可能成为现实。

还剩最后一种可能的前景。我们可能需要面对这一现实，即住房修缮计划既不可能也不必要。私人市场自身会一如既往地促进住房质量的提高。自然，这主要是基于人们能负担得起住房修缮费用并希望改善其住房的原则，是个逐步演化的过程。

在最终的效果方面，住房修缮与建筑拆除和城市再开发并没有多大不同。如果获得了成功，要么迫使人民支付更高的租金，要么迫使人民搬到一个与住房修缮前社区环境相似的另一社区。住房修缮的关键是资金——大量的资金。总体而言，联邦资助的住房修缮不可能有效运行，因为该计划试图修缮的是这类住房：拥有或居住在这类住房中的业主或租客，虽然希望能改善其住房质量，但是却无法或不愿意负担住房的修缮费用。要使住房修缮计划有效运行，需要注入大量的私人资金或者公共资金，但当前没有任何的迹象表明这点。相对于需要开展的工作以及私人市场正在进行的努力而言，通过联邦城市更新计划开展住房修缮所能得到的收益是较轻微的。同时，相对于收益，联邦资助的住房修缮的成本——包括社会和经济方面——却是是非常高的。

注释

[1] "The Urban Frontier," Address by Robert C. Weaver, Administrator, Housing and Home Finance Agency, before the Worcester Economic Club, Sheraton-Bancroft Hotel, Worcester, Massachusetts, March 8, 1962.

[2] Innes, John W., *Urban Renewal Policies and Programs in the U.S.A.*, Urban Renewal Administration, Washington 25, D. C., November 1960, p. 4.

[3] *16th Annual Report*, 1962, Housing and Home Finance Agency, Washington 25, D. C., p. 286.

[4] "Housing Legislation of 1961," Hearings before a Subcommittee of the Committee on Banking and Currency, United States Senate, April 4, 5, 6, 10, 11, 12, 13, 14 and 20, 1961.

[5] Innes, *loc. cit.*

[6] Rapkin, Chester, *The Washington Park Urban Renewal Area: An Analysis of the Economic, Financial and Community Factors That Will Influence the Feasibility of Residential Renewal*, December 1961, p. 43.

[7] Robert C. Weaver, *loc. cit.*

[8] Rapkin, *op. cit.*, p. 88.

[9] *Ibid.*

[10] Hommann, Mary S., Director, Wooster Square Project, New Haven Redevelopment Agency, *Journal of Housing*, Vol. 19 (May 1962), p. 185.

第 10 章　增加税收的神话

那些愚昧的贪婪者，
只顾贪图其没有的，
却不懂珍惜其拥有的，
任其拥有的从手中溜走。
看吧，
希望得到越多，
拥有的总是反而更少。
莎士比亚

那些支持联邦城市更新计划的人们，其最具有说服力的论点是，城市更新能做强做大城市课税基数从而增加城市税收。这一理由也可能是促使大城市、州、联邦政府接受以联邦资助的形式开展城市更新这一观念的唯一决定性因素。对政府而言，通过建设明亮的、有序的新建筑增加税收从而增加城市财政是个难以抗拒的想法。1961 年 4 月，宾夕法尼亚州州长戴维·L·劳伦斯（David L. Lawrence）说道：

它（城市更新）是中心城市拯救城市经济基础的唯一希望所在，它既可增加课税基数，同时又对各收入阶层具有吸引力……成功的城市更新可以神奇地增加城市财政收入。[1]

对于劳伦斯州长这类坚信彻底城市更新能解决严峻的城市财政问题的人们而言，很不幸的是，事实与他们的想法完全是两码事。虽然，当前就联邦城市更新计划能否提高城市课税基数下结论仍为时过早。但从联邦城市更新计划实施情况来看，已有迹象表明情况并不乐观。实际是，截至 1961 年 3 月，联邦城市更新计划实际上造成了城市税收来源的减少。虽然得出这一结论的相关逻辑估算仍相对粗糙，但因为城市更新实施前后城市税收相差的数量级是如此巨大，可以说，基本不存在其他结论的可能性。让我们来看看具体情况吧。

任一城市，无论其是否拥有联邦城市更新项目，都会思考一个问题，即联邦城市更新计划以外的其他相关措施对城市财政的作用又是怎样？城市所需付出的代价又是什么？换句话说，哪种措施能将纳税人的税收负担最小化。在分析城市更新的税收效果时，应尽可能分析其对整个城市的税收效果，而不应局限于更新地区。虽然，对这问题我们不大可能得出精确的答案，但通过估算，我们能得出大致答案。

总体而言，城市更新的拥护者们一般只对更新地区在更新项目实施前的年税收额和更新后预计的年税收额进行比较，而且，他们关于更新后预计的年税收额总是过于乐观，他们甚少考虑实现预计的年税收额所需年限。一个典型的例子就是仅将已摧毁的建筑总数和预计已开工的建筑总数相比较——显然，如果新建筑已经完全取代了已拆除的旧建筑，那么城市税收额肯定有所增加。但问题的关键是，什么时候新建筑才能全部完工？有些人会争辩道，在任一时间点仅就已拆除的建筑数和已完工的建筑数进行比较都是不公平的。因为在建筑的拆除和新建之间必然存在着较长的时间差。他们认为，如果拆除的建筑价值为10万美元，五年后的新建筑价值为20万美元，在那最初的五年间，城市税收额肯定是会减少；但五年后，城市税收额就会逐渐改善。他们的部分观点是正确的——完工的新建筑价值总是要大于拆除的建筑价值——但他们却忽略了下面两种情况。首先，联邦城市更新计划仍在扩张，只要联邦城市更新计划还在扩张，拆除的建筑总数就仍将大于新建筑总数。第二，请记住，在等待新建筑拔地而起的那段时间，城市的课税基数是在减少。

对特定城市更新地区的税收额进行更新前后的比较在方法上是有问题的。虽然，其目的是希望通过保持某些重要因子不变的情况，找出某一因子对城市更新地区税收的影响；通过重复这一过程，把各因子可能积极或消极的影响进行简单叠加就得出城市更新对城市税收的净增值是多少。但在这一比较中，时间差这一因子是被忽略了的。

由于旧建筑的拆除时间总是要早于新建筑，这一事实本身就意味着，只要城市更新计划继续扩大并继续保持现有的基本特征，那么拆除建筑对税收的消极影响将总是早于新建筑对税收的积极影响，这种情形和前面章节所论述的廉租房问题非常相似。由于拆除旧建筑总是早于新建筑，城市更新计划实际上恶化了低收入群体的住房问题。同时，由于新建筑的房租将远超过原城市更新地区的人们的经济可承受能力，低收入群体的住房问题进一步恶化。

税收不可能来自于不存在的建筑物。推土机在推倒城市更新地区的旧建筑时，城市的课税基数也随着减少。只要旧建筑仍未被新建筑取代，课税基数就必然减少。在评估城市更新对城市税收的影响时，这部分税收损失必须计算在内，并从新建筑所上缴的税收增值中加以扣减。然而，这一点常被忽略。在关注任一城市的城市更新计划时，我们都应核查这部分的税收损失是否已考虑在内。另一重要的事实是，税收的减少总是恰恰发生在最需要税收的时刻：现在。

绝大多数开展城市更新项目的城市都会抱怨财政紧张问题，但他们仍迫切希望能拥有这类即便有联邦财政补助但在项目运行前几年必定仍需花费城市自身资金的更新项目。当然，他们这样做的目的是希望未来能获得巨大的收益，但他们同样需认清，当前所损失的1美元的价值要远大于五年或十年或十五年后所赚取的1美元的价值，并由此相应调整其估算。请注意，我们还没谈及城市更新项目的内部运行成本。为了能恰当计算其对城市财政以及城市纳税人钱袋子的影响，必须将城市政府在项目净成本中所分担的资金额视为城市更新成本总额中的一部分。

在城市更新前后，虽然其他因子对城市财政的变化也存在影响，但是，最为重要的影响因子是城市可收税资产的价值变化情况。请注意，这里有两点需加以重点考虑。财政变化的绝对数和变化发生的时间点。财政变化的绝对数基本不需解释：在其他因子保持不变的情况下，城市课税基数的价值越高，城市的税收越高。

现在，让我们检查下全美各城市更新地区正在发生些什么。在1960年底，全美的各城市更新地区内有将近12.6万住房单元被拆除，因此，这些住房单元的税收也随之消失。住房拆除导致的住房价值损失是多少呢？因为联邦政府并没有公布相关的数据，所以，我们需进行一些估算。据估计，至1960年底，政府投入了将近14.7亿美元用以征收全美485个城市更新地区的原有住房单元。在这485个城市更新项目中，有415个项目上报了拟拆除的住房单元数。这415个项目的拟拆除住房单元数达到了近21.5万个，或说，平均每个项目拟拆除518个住房单元。如果我们假定未上报的70个项目的平均拟拆除住房单元数量与之相同，那么485个城市更新项目总共将拆除近25万个住房单元。而且，截至1960年底，12.6万个住房单元，即半数以上的拟拆除住房单元已然被拆除。现在，其他建筑类型如商业和工业建筑等，自然也正在被拆除。因为我们没有其他建筑类型的数据，所以无法了解相关的拆除规模。因此，在没有更精确的数据前，我们不妨先粗略地用住房类建筑的拆除情况来推算全部建筑的拆除情况，即截至1960年底，在全美485个项目中总共有近半的拟拆除建筑已经被拆除。

现在让我们假定，地方城市更新机构是以市场价格征收相关房产的，那么，我们就能得出，截至1960年底，价值近7.35亿美元（14.7亿美元的一半）的房产被拆除了。这一结论虽然并不准确，但与事实的偏差并不大。例如，如果被拆除的12.6万住房单元的平均价值只是5千美元，那么，即使不考虑商业和工业地产的拆除数量，仍然有6.3亿美元的房产价值消失了。

其净影响是，随着近6.5亿—7亿美元价值的房产被拆除，这些房产的税收也随之消失了。这一损失仍将持续多久？在联邦城市更新地区，有多少新建筑已完工，已产生出多少税收？

简要回顾一下在第六章中关于城市更新地区已开工的新建设数量的论述，有8.24亿美元的新建设已开工，但只有5.77亿美元的已开工建筑是私人住房，即城市可征税的新建设量。而且，我们必须注意，5.77亿美元是已开工的建筑量，而不是已完工的建筑量。也就是说，如果有价值1000万美元的公寓综合体已开工建设，但是还只投入了100万美元，在计算时所采用数字将是1000万美元，而不是100万美元。同时，考虑到许多已开工的新建设是最近才启动的，已经完工的新建筑比例不可能很大。我们不妨过于乐观地假定，在1960年底，有70%的私人住房已经完工，即增加了价值4亿美元的可征税房产。

在后续的分析中，我们将会发现4亿美元的假设是高于事实的，但现在让我们先采用这一过于乐观的数字。显然，至1960年底，联邦城市更新计划对城市税收的效果是非常消极的。有6.5亿—7亿美元的房产被拆除，但才新建了4亿美元的房产，其结果必然是城市税收减少了。

我们的分析仍未完成。其他几个因子将让城市财政进一步紧缩。城市更新地区新建筑内的租客从哪来？租客中的绝大多数可能来自于城市其他地区。而且，除非因他们的迁移而导致的空置率被由城市之外迁移而来的新租客填补上，否则，他们迁出地区的房屋价值可能下降，从而导致这些房屋的征税额下降。这些影响通常很微妙并且难以准确衡量，但其净影响将会部分抵消城市更新地区的房地产价值上升导致的税收增值。

如同我们在第11章中将会发现的，城市更新地区新增的建筑价值，不等于在城市课税基数之外另外开辟了新的课税基数。如果不存在城市更新计划，这部分新建筑中的相当比重，估计约近50%，极可能将在城市的其他地区建设完成。城市更新地区的新建设量直接取决于这类建筑的实际需求量。如果一个开发商认为，一个100单元的高级公寓在某一城市更新地区会有较高出租率，那么，即使不存在城市更新计划，他或其他开发商仍能得出相同的结论。换句话说，如果对新公寓存在强烈需求，而有这种需求的人们又有能力支付，那么，不需多久就会有人来满足这一需求。因此，城市更新地区相当数量的住房数量只不过是从城市其他地方转移过来而已。因此，城市更新地区对城市课税基数的净增值将远小于相关的估算值。举例而言，如果城市更新地区近半数的新建设原本会在城市其他地区建成，而且没产生多少拆除量，那么，新增的可征税房产将从 4 亿减少为 2 亿美元。当然，其中的部分新建设仍然会涉及旧建筑的拆除，因此扣减量不太可能是 2 亿。但是，对于纳税人而言，他们无须承担任何直接的项目成本；而且，私人开发商也不会允许土地闲置很长时间。因为，对于私人开发商而言，土地每闲置一天都是潜在收益的损失。并且，这种压力常常会强烈督促开发商采取快速有效的行动。但是，在联邦城市更新计划中不存在这种压力。

另一因子，即城市更新地区的新建设有时可享受退税优惠，这同样减少了城市更新对税收额的净增长作用。举例而言，有些城市给予的退税优惠多达该房产实际出租收益总额的 20%。有些城市还在按房地产评估价值征税时会设置附带条款，如每千美元只征税 10 美元。与其他地区同等价值房产相比，这一优惠政策能使城市更新地区新建房产的纳税额减少 40%—50%。因此，即使新建筑的价值要高于被拆除的旧建筑，仍有可能，城市更新后上缴给城市财政的税额却比城市更新前还要少。但因为城市更新地区的公寓和其他类型建筑的市场需求普遍不足，这些税收优惠政策通常是拉动私人开发商投资的必要手段。

同城市其他地区的房产相比，能享受纳税额的减免是城市更新地区房产主要的相对竞争优势。正因为此，城市更新地区聚集了许多原本不属于联邦出资新建范围的建筑类型，这类建筑在城市其他地区本应是全额纳税的。其实际影响自然是减少了未来的城市税收额。

也有一种说法认为，一项具有革命性的城市更新项目将帮助城市留住新建设量；如果没有该城市更新项目，这部分新建设量将外流至其他城市。如果只有少数几个城市有城市更新项目，那么，这一观点具有一定的合理性。但随着拥有更新项目的城市数不断增加，这一观点的有效性在不断降低。随着城市更新计划的扩张，越来越多的城市能以协议价格将土地出让给开发商。一旦城市开始这么做，那么任一城市的相对竞争优势都将消失。这就类似于大型食品连锁店给予食品购买者的购物券。当只有一家连锁店使用这一手段时，对于其他连锁店而言，这家连锁店具有一定程度的竞争优势。但是一旦其他主要的连锁店都使用购物券后，任一连锁店的竞争优势都不复存在，并且，因为发行购物券需要额外成本，食品价格反而会出现一定程度的上涨。至今（1964 年），已有超过 750 个城市拥有城市更新项目，所以，是否有城市因为拥有城市更新项目获得了相对竞争优势是令人质疑的。

另一方面，一些与城市更新相关的因子可能会增加城市税收额。房地产的价值常常受周边环境的影响。如果，城市更新项目开发很成功，那么，随着现代化、明亮的城市综合体的注入，该地区周边的房地产价值很可能会出现升值。但是，要把其转化为城市税收的实际增值还必须做两件事。第一，实现了大规模的地区更新（而且，在其他任何城市都没类似重大更新项目）；第二，当地的财产估价员委员会必须对城市更新项目周边地区建筑的评估价值进行重新评估。通常而言，城市更新项目周边地区大多数建筑的质量条件和更新地区被拆除建筑相差不大。因此，周边居民通常拥有相对较低的收入。但是，如果业主将税收增值又转嫁到租客的房租上，那么，这将导致部分租客不得不搬走，因为整个街区更新改造后的房租价格超出了他们的承受能力。

支持联邦资助城市更新的人们还指出，城市更新地区的城市支出费用是异常大的，其暗含之意是当城市更新完成后，城市支出费用会减少。但反过来理解，就是税收也可能减少。无疑，城市贫民窟消耗了异常多的城市支出费用。举例而言，如常说的犯罪率、疾病率、失火次数等，在这些地区通常要比其他地区高许多。问题是，其主要原因是否可以追溯到社区的物理特性，或说，住在这类社区的居民？如果人们被迫从犯罪率高的地方搬走，犯罪率就能直线下降吗？或这部分人搬去的地区犯罪率就会上升？在城市其他地区是否因此需要更多的警员和消防员呢？这些问题很难找到确切的答案，但似乎仅仅将人们从城市的一个地方挪到城市另一个地方不可能大幅减少城市的运行成本。当然，一些城市认为，人们一旦被迫搬离自己的家园，那么他们将抛弃这个城市前往别处——但相关问题仍然存在，别处是哪里，别处又发生了什么？

现在，让我们以某一特例来分析城市税收额情况。当我在麻省理工和哈佛大学联合成立的城市研究中心工作时，我决定调查波士顿西角（West End）地区新近的一个再开发项目的税收情况。西角是波士顿市中心的一个工人社区，基本上是5层高的公寓住宅，面积为48英亩，约7500人住在这里。再开发计划将其改造为拥有电梯的现代化公寓，共2400套公寓，月租金在45美元以上。

我的兴趣点在于该项目中城市所承担的费用是多少，城市税收额减少了多少，新建筑又能贡献多少税收额。刚开始时，寻找这些问题的答案稍微有些困难；但在1962年8月的一个下午，我获得了突破。当时我正和9位不同领域的人士交谈，试图发现因为旧建筑的拆除导致了多少税收额损失，新建筑又预计能贡献多少税收额。在城市更新计划开展之前，西角地区的年税收额是54.6万美元。1958年5月，市政府以征用权的名义征用了西角地区的土地。假定从那时起的西角地区的税收额保持不变，这意味着从1958年5月开始波士顿政府每年将损失54.6万美元的税收额。

西角项目的净成本是1580万美元，其中1050万美元由联邦政府提供，另外的530万美元由波士顿政府提供。因此，在西角项目中，波士顿投入了近530万美元并每年损失54.6万美元税收。那么该项投资又带来了怎样的收益呢？

波士顿城市更新机构告诉我，当前的税收额（1962年8月）是22.5万美元；当所有新建筑完工时，税收额预计能达到125万美元。与之前的54.6万美元相比，税收额似乎上升了很多，但让我们再继续深化分析。首先，在新公寓建成之前，三年已经过去了；这意味着，在公寓建成前，波士顿的纳税人不仅分担了530万美元城市更新费用，还损失了近160万美元的税收。即使在公寓建成后，税收额也才22.5万美元，每年仍然损失了近32.1万美元税收。随着新建筑的不断落成，年税收总额将逐年上升，并终将超过原先的54.6万美元。但是，何时才会发生，还需要多久才能实现收支平衡呢？截至1962年，只完成了计划建设总量的20%左右。让我们乐观地估算，每两年能完成建设总量的20%，即1970年才能全部完工。在这一环境下，需要多久的时间周期才能证明西角项目是符合经济原则的？

依照上述的分析数据和假设，波士顿的西角项目实现收支平衡的时间点大约是在1980年左右。[2] 在估算中还未考虑美元价值的变化情况；如果将这一因素考虑在内，收支平衡时间无疑将迟于1980年。同时，在估算中假定如果不开展城市更新，西角的税收总额会一直保持不变；这一假定是过于保守的；事实上，考虑到西角在波士顿的位置，在这20年间西角的房地产价值很可能会大幅上升。如果将这一因素考虑在内，那么，即使到2000年或更迟，西角的收支平衡都还不一定能实现。事实上，完全有可能，西角的收支平衡根本无法实现。当我们将分析对象转移到联邦提供的1050万美元时，有关可实现收支平衡的论点更加无法成立。

关于波士顿西角项目的上述估算虽然比较粗糙，但上述估算清晰表明，对任何预计的税收收益都必须仔细查证。同时我们需对开章时所提问题进行考虑——租客来自哪里，周边地区房地产价值的变化情况是怎样的，这些新建筑是否会必然建成，其他城市地区的城市开支又会出现怎样的变化?

结论：城市更新的拥护者们所宣称的税收红利绝不可能像他们宣称时那样丰厚。任何深入的思考，都必须考虑以下与城市更新相关的税收因子：

1. 拆除房地产导致的税收损失。
2. 不存在城市更新的前提下，城市税收额的净增值。
3. 租客从城市其他地区搬到城市更新地区导致的税收损失。
4. 特定税收减免政策的影响。
5. 可能减少的城市费用。
6. 随着城市更新周边地区房地产价值的升值导致的城市税收额净增值。
7. 新建筑的评估值。

迄今为止，联邦城市更新计划所承诺的税收红利仍是句空话。联邦城市更新计划能否使某一城市的税收额出现大幅上升还是个未知数，能否使全美城市的税收额出现大幅上升更是个未知数。

注释

[1] *Private Financing Considerations in Urban Renewal,* A Report of the Proceedings of the 6th Annual NAHRO Conference on Urban Renewal, April 16–18, 1961.

[2] If we let x stand for the length of time that has elapsed since the old buildings were torn down, the following formulas were developed to show the gains and losses of the West End project:

$$\text{Loss} = \$5,300,000 + \$546,000x$$

$$\text{Gain} = \$225,000\,(x-3) + \$250,000\,(x-6) + \$250,000\,(x-8) + \$250,000\,(x-10) + \$275,000\,(x-12)$$

Equating loss to gain and solving for x gives us $x = 21$ years.

第 11 章　对国家经济的作用

如果将城市更新视为某项可快速收回投资的项目，甚或是从长远看会增加国内产生总值的投资，那么我认为，这种观点是非理性的。

路易斯·温尼克（Louis Winnick）博士，福特基金会

储蓄和住房财政会议论文集，1963 年，P125

1961 年 2 月 2 日，城市更新管理局给全美各地方更新机构发了一份信件，催促地方更新机构加快城市更新步伐，加快刺激经济增长。[1] 信件的首段文字如下：

总统先生向城市中有已实施的或最终方案已经获批的城市更新项目的市长们发了一封电报，强调说明了加快城市更新步伐的必要性，并指出加强和实现城市再生是促进国家经济发展和克服基础经济增长缓慢困境的重要步骤。其重要性不仅有利于促进城市健康和壮大城市实力，还有利于当今及未来整个国家的经济和社会的良好运作。【下划线上文字系作者明示】

本段文字清晰表明，联邦城市更新计划被人为赋予了某些品质。加快城市更新被认为能壮大城市实力、实现城市再生。加快城市更新活动被认为能刺激国家经济增长、克服基础经济增长缓慢的困境。但是，城市更新如何壮大城市实力，如何实现城市再生，如何刺激国家经济发展呢？人们很少直面这些问题。

实现城市再生意味着给予城市再一次生命，暗示着城市正在走向死亡或已经死亡。城市是如何死亡的？关于这并没有准确的定义；有人认为这意味着城市经济活动的下降；有人认为这是指人口的减少；还有人认为黑人或波多黎各人所占比例的增长就意味着城市的衰退。

通过牺牲郊区或乡村，或理性地保持“社区平衡”以实现城市人口增长，可能并不是城市官员们有意识的目标，虽然这也可能是官员们下意识或没公开的目标。城市更新的支持者们对城市再生的理解并不清晰明了，但是，一个合理的假定是，他们认为的城市再生主要指向城市经济活动。如果这一假定正确，我们应期待可以发现，城市更新对“再生”城市及刺激美国经济起到了显著作用。如果这一假定是错误的，那么我们就应问一问：联邦城市更新计划在哪些方面“再生”了城市？

我们之前的估算显示，至 1961 年 3 月，有 8.24 亿美元的城市更新项目已开工建设；这听上去好像数量级很大。但是，和其他的经济活动相比较又如何呢？在我们下结论认为城市能或不能加强、刺激、再生城市经济之前，我们必须了解城市更新在国家经济和城市经济中的重要程度。

在城市更新活动实施期间，累计国民生产总值大约是43770亿美元。[2] 所以，即使我们假定城市更新项目都已完成，城市更新项目在国民经济中所占的比重也不足0.02%。

从另一方面说，超过10亿美元用在非建设性活动，诸如征收旧建筑，拆除旧建筑，再安置人群，支付城市更新官员的工资。其中近70%用于支付旧建筑的征收。那些原先拥有未偿清按揭的业主或持有人，因为现在拥有的是现金，而不是能产生收益的建筑或证券，所以他们可能会寻找各种方式进行资产投资。其结果是，大量来自于全美纳税人的资金，花费在了“衰退”地区的房地产业主身上；而这些拟拆除建筑的业主们又对资金进行再投资。很难相信这种活动对国民经济有任何实际性的推动。

用于拆除建筑和雇用城市更新职员的资金可能对促进拆迁产业起到了某些作用，增加了社会对城市规划师和社会工作者的需求，但是，这是否能显著促进经济发展仍然令人怀疑。

城市更新对经济的影响作用，主要以引发和产生城市建设活动为主要手段。那么，城市更新占国民经济中城市建设产业的比重是否足够大呢？在1950—1960年间，全美的城市建设总量将近6370亿美元。其中包括了3240亿美元的私人建筑建设量，1370亿美元的公共建筑建设量，1760亿美元的维修费用。[3] 三类美国城市建设活动的历年建设量详情见图11.1（金额数详见附件A中的表A.17）。自第二次世界大战结束后，美国的城市建设活动就在一直持续增长，尤其是在私人建筑建设方面。

历年的城市更新建设量在图11.1中也有反映。从图中可明显发现，城市更新的建设量在城市总建设量中所占的比重并不明显。即使假定75%—80%的城市更新活动都已经完成，城市更新所占的比重仍然只有0.1%左右。而且，既有建筑的维修费用都接近于城市更新建设量的300倍。

从某些方面而言，上述的比较可能并不公平。这些比较只是说明了在1950—1960年这11年间城市更新在国民经济或城市建设行业中所占的比重并不明显。也许，我们该问个更恰当的问题：在这11年间，城市新建设量中有多少比例是发生在城市更新地区？

在1950—1960年间，在全美人口超过10万的城市中产生了近526亿美元的

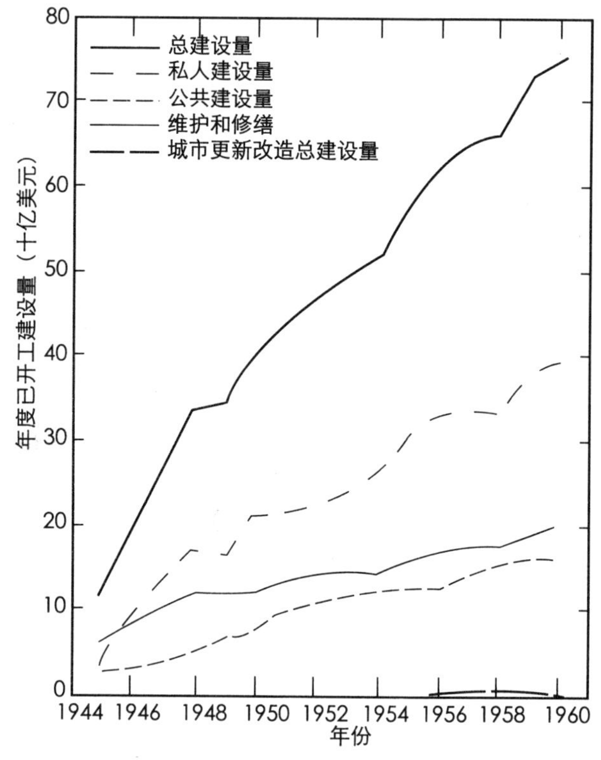

图11.1 1945—1960年间美国历年的城市建设量（公共、私人和维护）和城市更新量

资料来源： *Statistical Abstract of the United States*, United States Department of Commerce, Washington 25, D. C., 1961, Table No. 1040, p. 747; *Physical Progress Quarterly Reports* (unpublished), Housing and Home Finance Agency, Urban Renewal Administration, Form H-6000, Washington 25, D. C., March 31, 1961; 191 projects reporting.

新建设量（详见附件 A 中的表 A. 18）。表 A. 18 中的资金额度只是包括了估算的新建设额以及联邦政府授权的合同费用，并没有将土地成本计算在内。涉及的建筑类型包括居住、商业、工业、仓库、教育、机构、宗教和公共等建筑类型；建设手段包括变更、附建、修复等。关于联邦城市更新计划内的年建设量以及更新计划外的年建设量情况，详见图 11. 2。

对图 11. 2 进行分析可得出这个结论：联邦城市更新计划在十万人口以上城市的建设活动中所起的作用并不显著。即使我们假定 75%—80% 已开工的建设活动已经完工，城市更新地区的建设量仍少于十万人口以上城市的建设量的 1. 3%。

自 1952 年以来，大城市中的年建设量稳步上升了近 50%，达成了现如今的 60 亿美元。因为城市更新地区的建设量所占比例很小，所以可以假定，即使某天城市更新计划突然中止了，这事情也几乎不会引起大城市的关注。如果我们的大城市如宣称的那般正在衰退，那么怎么解释城市建设活动逐年稳步上升呢？事实真相是：虽然有些人断言城市在衰退，但在过去的十年，城市建设活动一直在稳步上升并且保持在高位上。

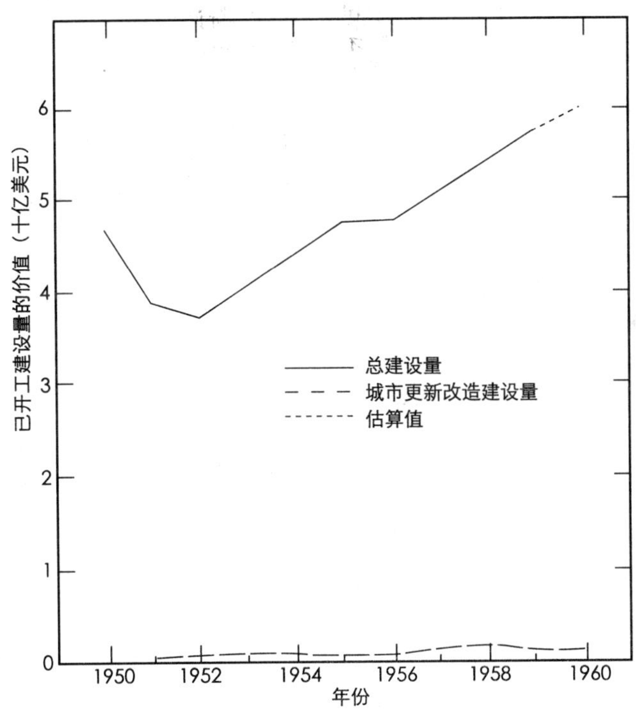

图 11. 2 1950—1960 年间美国十万以上人口城市的年建设量和城市更新地区的年建设量比较

资料来源：*Statistical Abstract of the United States*, United States Department of Commerce, Washington 25, D. C., 1961 and other issues; *Physical Progress Quarterly Reports* (unpublished), Housing and Home Finance Agency, Urban Renewal Administration, Form H-6000, Washington 25, D. C., March 31, 1961; 191 projects reporting.

城市更新的净建设量

关于联邦城市更新计划最严厉的批评之一，是城市更新计划可能只是导致了城市建设量的转移，却没有增加城市建设量。前马萨诸塞州州长约翰·沃尔普（John Volpe），在波士顿普鲁丹特中心（Prudential Center）的一次演讲中说道：

该地区吸纳的建筑量是固定的。如果这些建筑不曾着手建造，那么其他建筑就会着手建造；如果这些建筑已经着手建造，那么其他建筑就不会着手建造。[4]

市长和其他城市官员们大力推进城市更新计划的最强诱因之一，是城市更新会在城市内创造出新建设量。但在绝大多数案例中，人们只是含糊地假定，城市更新建设量是新创造出的建设量，是不会出现在其他地区的建设量。这一假定并不准确；城市更新建设量的部分，或说很大部分，总是会在其他地方出现。而且，随着转移至城市更新地区的建设量越多，这一城市更新论点就越站不住脚。正因为这一原因，人们不得不尝试着弄清楚的问题是，如果联邦城市更新计划不存在，那么城市更新地区的建设量占城市建设量的比例大概是多少。这一问题也许永远也无法有明确的答案，但是，仍有可能得出一个理性的估算结果。

如前文所述，给予城市更新计划公共财政补助是为了降低城市更新项目的建设成本，保证城市更新项目可与其他传统类建设项目相互竞争。举例而言，城市更新所产生的新建筑空间的出租成本会与城市其他地区类似空间的租金基本持平。财政补助的是因位置差异带来的差价，即如果没有城市更新计划，租用城市更新所产生的新建筑空间的人们，在这一地区租用类似空间时将不得不支付更高的租金。

将城市更新计划引入某一社区意味着有足够的需求来消化城市更新带来的新建设量和传统建设量。即如果不存在城市更新计划，这一特定地区对传统建设量仍有着大量需求。而市场会通过增加新建筑供给或提高租金水平的方式来满足这些需求。最有可能的是，这些事件相伴出现。

假定建设量方面的需求与城市更新之间不存在相关性，那么城市更新的净影响将只是使租金水平低于原本可能的水平，以及可能会加快新建设量的供给速度。但是，这一净影响只会在理想的城市更新运行条件下发生。相关实践已经证明城市更新耗时长久，城市更新的净影响很有可能很小。

城市更新方面的权威人士路易斯·温尼克博士认为：

联邦1号法案将在多大程度上促进未来的公寓建设量？对此问题，我的看法是效果可能相对较小。虽然新公寓一直是过去、现在和未来城市更新项目中的主要内容，但我以为，1号法案和第220条款的主要作用<u>不在于增加了公寓的建设总量，而是改变了公寓建设量的地理空间分布情况</u>……虽然这一观点可能具有争议性，但我个人以为，那些租用1号法案资助建成的公寓的家庭，即使不存在1号法案，也会去租用其他新建的公寓内。[5]【下划线上文字系作者明示】

路易斯·温尼克博士和另一位住房经济学家切斯特·雷普金博士，通过运用此类推理估算得出：如果不存在城市更新计划，大概50%—75%左右的城市更新建设量将建设在同一地区或其他地区。[6] 他们能得出这一估算主要得益于他们在纽约市的相关经验。他们的主要观点如下：如果存在足够的需求能以市场价吸纳掉城市更新中既定建设量，那么有理由假定，这些需求能通过市场逐渐吸纳掉。为了分析方便，保守估计，有 50% 的城市更新建设量是从正式市场上转移而来的——即只有 50% 的建设量是城市更新的净建设量。

在思考关于建设活动方面的问题时，规模尺度是重要影响因子之一。考虑的规模尺度越宏观，那么城市更新的净建设量就越小。举例而言，如果只从城市更新地区的角度而言，城市更新项目能产生相对较大的净建设量。但从整个城市的角度而言，因为城市更新中的新建设需求量是以减少城市其他地区的建设需求量为代价的，所以，城市更新的净建设量就会相比较小。如果从整个美国联邦的角度来看，那么联邦城市更新的净建设量就变得微不足道，甚至可能会是负影响。

注释

1 *Local Public Agency Letter No. 203,* "Acceleration of Urban Renewal Activities to Stimulate the Economy," Housing and Home Finance Agency, Urban Renewal Administration, Washington 25, D. C., February 2, 1961.

2 *Statistical Abstract of the United States,* U.S. Department of Commerce, 1961, Table 410, p. 301.

3 Estimates of construction expenditures measure the value of work put in place on all structures and facilities under construction during a given period regardless of when work on each individual project was started. These figures represent a summation of costs of materials actually incorporated into structures and facilities during the given period regardless of when such materials were purchased or delivered to the sites, costs of labor performed during the period, and proportionate allowances for overhead costs and profit on construction operations. Cf. *Historical Statistics of the United States, Colonial Times to 1957,* Social Science Research Institute, Washington, D. C., 1960, p. 373.

4 *The Boston Globe,* July 24, 1962, p. 1.

5 Winnick, Louis, "Rental Housing: Problems for Private Investment," *Conference on Savings and Residential Financing,* 1963 proceedings, published by the United States Savings and Loan League, Chicago, Illinois, pp. 107, 108.

6 Interviews: Louis Winnick, Director of Research, Housing Redevelopment Board, New York City (April 1962); Chester Rapkin, Professor, University of Pennsylvania (April 1962).

注释 3 译文：

3 在估算建设费用时，以在一定期限内建设活动中所涉及的所有构筑物和设施的价值为准，而不曾将每个项目的开工时间考虑在内。这样所得的估算值反映了在特定时间内所涉及的所有构筑物和设施的材料成本总额，而不曾将材料何时购买何时送达、这期间所需的劳力成本、额外可支配成本，以及建设期间的收益等因素考虑在内。美国历史统计数据，殖民时期至 1957 年，社会科学研究机构，华盛顿，1960，p373

第12章　城市更新和宪法

……如果没有正当补偿，那么，不能以公共用途征用私人财产。

美国宪法第五次修正案

在当前美国最高法院秉持的理念下，联邦城市更新计划的运行是合宪的，但在未来美国最高法院的理念有可能会发生变化。最高法院的9位大法官是在通过长时间、激烈的争辩后，才作出联邦城市更新计划合宪的决定，但依然存在许多类似的争议性问题。其中，争论的焦点是：美国联邦公民的私人财产有权免受政府机关的侵扰这一基本权利。

美国宪法认为，只要不侵害到其他人的利益，个人有权自由处置个人财产。传统观点认为，政府只有在为了"公共用途"时才能征用私人财产。[1] 关键词是"公共用途"。但探究"公共用途"界定范畴的变化时，我们会发现，对这一术语的解释发生了彻底的改变。城市更新是否合宪这一问题的答案，取决于如何解释"公共用途"及相关解释在现实世界中的应用情况。当今，政府机构能征用、破坏私人财产，并将清理干净后的土地以双方的协商价出让给意向购买人。让我们来看看这样做是否存在合理的司法基础。

美国联邦政府部门对私人财产权的态度一直在慢慢转变。私人财产权曾被作为自由的象征，在美国早期受到了最大程度的尊重。私人财产权意味着个人能自由地使用、处置其拥有的财产——如果不能自由处置，那么就不曾真正拥有自由权。

前苏联宪法的VI条款中的相关规定和美国的情况完全不同，VI条款内容如下：

土地……城市中的居民楼、工业地区属于国家财产。【下划线上文字系作者明示】

但是，现如今我们处于这样的一个历史点，即人们普遍认为传统的财产权不应阻碍更广泛的社会目标或说"人权"。虽然更广泛的社会目标从来都是模糊的，但通常指代少数人的利益应该让位于多数人的利益。至于"人权"，需要指出的是，也许财产权是所有人权中最为重要的权利。

最高法院现如今的立场与18世纪早期英国议员威廉·皮特（William Pitt）的观点完全不同，威廉·皮特认为：

……最穷的人在他的草屋中可抵抗所有的国王旨意，草屋可能破旧不堪，屋顶可能摇摇欲坠，风可以入内，雪可以入内，但是，英国国王非准许不得入内。国王的所有权力不能进入破损的草屋之内。[2]

与威廉·皮特同一时期的知名英国法官威廉·布拉克斯东（William Blackstone）更详细地阐释了这一观点：

考虑到私人财产权法案是如此重要，对财产权的任何阻碍都不应被允许，即便那是为了整个社会的整体利益。因为，如果允许私人或公共法院对公共利益进行判断，那是极其危险的事……[3]【下划线上文字系作者明示】

在1791年，《权利法案》纳入财产权术语。在《权利法案》的条款中明确规定，只有为了公共用途才能征用私人财产，而且未经适当补偿不得征用，即所谓的征用条款。征用条款对日益泛化的财产权概念作为了限定。

但是，1896年之前，关于财产权的解释仍具有很大的随意性。在内布拉斯加州授权密苏里太平洋铁路公司允许某农民协会在铁路轨道沿线周边的一块土地来搭建粮食电梯的诉讼事件中，最高法院认为：

……州政府在征用个体或团体的私有财产后，未经原财产拥有者同意，就将其作为其他个体的私人用途是不符合法律程序的，违反了美国联邦宪法修正案第14条款。[4]

在1913年马萨诸塞州高院作出的判决中，清楚表明了马萨诸塞州高院对城市更新立法化的否定态度。马萨诸塞州高院认为，通过以建设公共沙滩或公园的目的征用过量的私人财产，并将其出售或出租给其他个人是违宪的。[5]马萨诸塞州高院的判决认为：

总体而言，人民享有良好的住房是公共利益，但这并等于州政府应成为最大的土地主。[6]

但在1935年，贫民窟清除手段却比当今更加直接粗暴。当时，联邦政府派遣代表进驻指定的城市，取消相关财产的财产证，拆除建筑物，建设联邦低成本住房。而且，城市更新项目的开展并没有受到相关15个城市的反抗。当联邦政府试图宣布肯塔基州路易斯维尔市的四个街区是违法的时，其中的一个财产拥有者，自认为他受到了不公平待遇，对联邦政府的征用目的予以反抗。政府被要求提供相关宪法依据证明政府拥有征用私人住房并在原址上建设低租金公寓的权力。作为对政府行为的辩护，政府认为行使征税权是为了“提供……联邦的普遍福利”。政府认为“这意味着政府拥有通过征用违法财产以增加国会的税收额的权力。”但政府的这一理由被高院驳回，高院的陈述如下：

……摧毁旧建筑，在原址上建设起新建筑，无疑为劳动力就业和资本创造了新资源。同样，将崭新的、卫生的住房以低价出租或出售，无疑会改善社区中许多人的居住条件。这部分群体的福利会提高，进而提高公众福利。但是，如果将这一结果视为公共用途，政府可以此为由征用私人财产，那么，政府就有可能征用任一私人财产以实现公共福利。【下划线上文字系作者明示】

……政府能用以改善特定群体福利的财产大量存在着。而且显然，通过征用农村农田并低价出租或出售，能满足许多城市人口的利益需求；通过征用工厂或其他商业行为，能按最有利于公众或雇员利益的方式运行，或按政府利益、纳税人利益最大化原则运行或出售。如此这般，公共利益能得到满足，但是，我们认为，这不应界定为公共用途。否则，政府在执行其政府职能时，就能任意征用私人财产。[7]

换句话说，高院认为仅仅依据“公共利益”这一理由就授权政府官员拥有征用私人财产的权力是不理智的。其理由是“公共利益”这一概念不准确，主观性太强。如果授予政府官员仅以此就可使用征用权征用私人财产是很危险的事。

高院的总结陈词如下：

在我们看来，联邦政府无权以改善某公民的财产并将其出售或出租给他人为目的征用该公民的财产。[8]

因此，即使在1953年，在城市更新问题上，最高法院仍持有传统的财产权概念。下列的摘要来自于某一联邦地区法院关于华盛顿地区某一城市更新案例的判决意见：

简要地说，该计划的目的是拆除贫民窟，创建美好社区。不同收入群体在美好社区中能和谐共处。且政府决定了美好社区的标准，最恰当的土地利用模式，不同收入群体的人员比例，社区内穷人、有教养的人、两口家庭，四口家庭的数量等，以及适合社区健康发展的模式……<u>但是，法院并不认为如此了不起的成就等于公共利益。</u>【下划线上文字系作者明示】[9]

华盛顿政府上诉至最高法院后，不足一年（1854年）时间，该判决就被最高法院推翻了。高院所指的“了不起的成就”被认为是“公共利益”。最高法院的具体称述如下：

我们坐下来不是为了讨论某一具体住房项目是否必需。公共福利的概念是宽泛的统称……行政机关有权决定社区是否应该是<u>美丽的、健康的、开阔的、干净的、人员构成多样的、巡查有力的</u>……【下划线上文字系作者明示】。一旦已经明确认定为公共利益，多少数量的土地需要征用，什么样的土地应被征用，以及某一具体地块是否应被征用，都属于具体行政机关的决策范围之内。[10]

通过回顾威廉·皮特的陈述“最穷的人在他的草屋中可抵抗所有的国王旨意”以及“风可以入内，但是，英国国王非准许不得入内”，哈佛法学院的查尔斯·M·哈尔教授（Charles M. Haar）得出以下结论：“最高法院，通过维护城市更新立法化这一广义术语，实际上造成的结果是：以公共利益的名义，或遮风挡雨的目的，国王不仅能进入，还可以停留。”[11]

以城市更新的之名，在城市更新地区质量很好的建筑物也可能被征用。当业主因建筑物质量合格并符合标准而抗议征用时，法院，包括最高法院，仍然维持征用权适用于这类建筑的判决，其依据是征用所针对的是整个地区，而不是个体建筑。最高法院的陈述如下

自然，为了更新计划的执行，财产可被征用，因为更新计划本身是无偏向和不容冒犯的……如果每个业主都被允许依据其财产尚未被利用来对抗公共利益，进而阻挠城市再开发。这样的话，再开发的整体计划就会面目全非。摆在我们面前的争论，实际上是，能否以国会关于公共利益标准来取代业主们的标准。正如我们之前所述的，依据宪法，社区再开发计划的真正需求并不是零碎的土地——某一地块或某建筑。[12]

如今，这一情形已经发展到这一地步，即地方更新机构能以更新的目的征用空地。过去，法院对以城市更新的名义征用未开发的空地的做法持否定态度。但这种情况已经发生变化，且形势已经一清二楚。法院认同在城市更新问题上使用公共资金的合宪性，并支持征用空闲地，只要空闲地位于地方官员划定的“衰退”地区范围内。[13]

联邦城市更新计划已经彻底改变了传统的征用权概念，与美国开国元勋们所理解的征用权

已相差甚远。当前问题的症结是以征用权的名义征用土地并出售或转租给其他私人的做法是否合宪。这一做法引起了剧烈的社会冲突，尤其是在将原先居住用地改为商业或工业用地的做法上。但城市更新的支持者们赢得了胜利，因为法院几乎一致同意城市更新是合法的。让我们看看法院的理由：

曾从事城市更新工作的马萨诸塞州律师刘易斯·H·温斯坦（Lewis H. Weinstein）认为：

……法院几乎一致同意城市再开发的法律地位是有效的，其理论基础是，城市再开发的首要目标是清理贫民窟，而不是征用私人的财产并将其转移给他人，而且，相对于公共目的，清理干净后的土地处置只是偶发行为。[14]【下划线上文字系作者明示】

法院的这一观点并没有回答基本问题；法院只是简单地用高超的技巧回避了基本问题。法院实际上只表达了如下观点：清理后的土地再利用并不是城市更新的目的，只是偶发行为，所以是合宪的。这并不是一个合乎逻辑的论证——征用某些人的私人财产来满足他人的使用需求可能只是偶发行为，并不是城市更新的目标。但这并不应成为是否合宪的依据。如果某些城市更新官员在城市更新过程中滥用权力怎么办？法院是不是裁定滥用职权不属于城市更新的目标，而是偶发行为，因此是合宪的？

并不是所有的法院都默许了政府机构的做法。下列的摘要来自联邦地区法院关于伯曼起诉帕克市（Berman vs. Parker）的判例。虽然，在这一判例中，最高法院后来改判为城市更新是合宪的。引用内容虽然较长，但观点清晰，重点突出：

……这一地区的问题是过于陈旧，而不是贫民窟，政府将其称为“衰退”或“衰败”。政府认为，城市更新的界限不仅限于贫民窟清理，还包括所谓的“城市再开发”。

我们的假定是……一个不滋生疾病或犯罪的城市地区，并不是一个贫民窟。这样的城市地区，唯一的缺陷是其无法满足所谓的现代化标准。让我们设想，它可能是落后的，不景气的，布局不合理的，经济上还停留在18世纪——或和健康、安全、道德无关的其他东西。我们可以再设想，可能业主和租客就喜欢那种状态。也许他们是老土的、喜欢单一家庭住房……或他们只能拥有这类住房，无法承受更为现代化的住房。但穷人有权拥有他们能承担的住房……

……通过对公共利益进行重新界定，将其与政府的征用权画上等号，从而实现政府的基本理念的转变，或说实现从捍卫个人权力到捍卫政府意愿的理念转变，再没有比这更微妙的手段了。

我们的观点是，国会在对哥伦比亚地区制定法律时，仅仅基于国会自身或其下属机构关于什么样的社区才是健康发展和良好平衡的判断，仅仅依据地区再开发这一理由，无权动用征用权……

这关乎如下情形，即只是局部存在贫民窟的再开发地区……这种情形的关键在于，如果只要存在贫民窟，政府就可征用、再开发和出售政府所认定的适当地区范围内的所有财产。这样的话，征用权就等于不受限，政府甚至可以征用整个城市的所有地区。【下划线上文字系作者明示】

如果不考虑贫民窟清理，更新计划的核心内容只是实现政府机构关于居住社区应是良好平衡的，包含适用各收入阶层的人群居住的住房单元的观点……更新计划认为：“城市再开发的目的是清理贫民窟，并代之以最有利于社区整体发展的土地利用模式。”

住房短缺没有得到有效满足。事实上，更新计划并不可能提供比现在更多的住房单元。更新计划也没有解决清理贫民窟之外的任何严峻的经济情况。解决住房的基本需求——低租金住房——并不是更新计划的目的所在。也不存在关于街道重新组织方面的思考或措施。整个项目中B地区的街道和哥伦比亚其他地段的街道完全一模一样。[15]

根据现有宪法，州政府在以“征用权”条款征用私人财产时，必须直接按“公共利益”进行征用，即征用权在很大程度上取决于对“公共利益”的解释。

……多年前，“公共利益”被理解为“公共得益”或“公共福利”。在实际操作方面，最高法院认为这由国会或州立法机关界定。法院所持观点是“哪种征用是符合公共利益的决定权是属于国会的职权。”“在这类案件中”，最高法院在1946年的陈述是；“立法机关，而不是司法机关，通过社会立法来捍卫公共需求能得到满足。”[16]

最高法院关于“国家首都应该既漂亮又卫生”的判决，为州法院在此类案件的判决定下了基调。例如，1956年马萨诸塞州的最高法院宣布“对某项目所在地区的建筑物外立面进行整治是符合公共利益的。”[17]

因此，法院普遍认同该观点，即把某一地区打造成漂亮、开阔、均衡的社区是符合公共利益的。该观点的隐含之意就是要对不漂亮，拥挤、混乱的地区进行整治。但是，由谁作出这一决定呢？

通常，关于某地区是否“衰退”的评判权掌握在地方更新机构的官员手中。法院一般不愿插手这一事务，因为有效评判“衰退”程度几乎是件不可能完成的任务。只有当法院有理由相信地方更新机构的官员作出了不合理或粗暴的行为后，他们才会介入其中。

……决定城市再开发地区的范围是多少，包括什么，以及哪些财产将被征用，主要是城市再开发机构的事务。并且，只有在发现存在行为不合理或错误的理念或滥用权力等情况下，司法机关才能对该决定做出审查。[18]

显然，最高法院的态度回避了根本性问题，即关注的应该是拟更新地区的特征，而不是所谓的自由裁量权过度或行为粗暴。这实际上就导致将是否“衰退”的判断交由负责城市更新项目的政府机构来决定。

联邦城市更新计划是否合宪？让我们将问题和争论摆在桌面上讨论。要推行城市更新，必须依赖于征用权——如果没有征用权，城市更新计划马上就会停止。宪法明确规定只有当征用的土地用作“公共用途”时才能使用征用权。关于这点，城市更新计划并不符合，因为绝大多数清理后经过改善的土地都是出售给私人的——有头脑的人都明白这肯定不是公共用途，而明显是私人用途。

但城市更新的拥护者们并没被此吓倒，他们会立马将观点复杂化：虽然土地被用作私人用途，但这是符合“公共目的”的，因此是为了“公共利益”。如是这般，他们对宪法中的“公共用途”条款进行了重新诠释，认为“公共用途”实际上指代“公共利益”。因此，他们的结论是，城市更新是符合公共利益的，是符合宪法的。

这所有的争论都建立在“私人用途可以符合公共利益”的假设之上。从大体上讲，这并没有错。但是如果我们接受了他们的观点，那就意味着，在理论上，只要政府官员认为征用某人的财产符合公共利益，那么政府就能征用任何人的私人财产。最高法院关于城市更新符合宪法的判决理由是站不住脚的，而且，历史将证明，是非常不理性的——让时间来检验一切。

1960年，佐治亚州的最高法院总结陈述了其对联邦城市更新计划所导致的变化的感受：

……历史上宪法保护私人财产不受侵害，除了公共目的。但这已经被人们自己推翻……作为个体，我们可以痛惜人们将自己的权利拱手让出。但是，作为法庭上的法官，我们无条件遵守并执行人民自己制定的法律。[19]

注释

1 Constitution of the United States, Amendment V.
2 *Blackstone's Commentaries* (Ewell Ed. 1889), p. 26.
3 *Ibid.*
4 *Missouri Pacific Railroad* v. *Nebraska,* 164 U.S. 403 (1896).
5 Weinstein, Lewis H., "Judicial Review in Urban Renewal," *The Federal Bar Journal,* Vol. 21 (Summer 1961), p. 320.
6 *Salisbury Land and Improvement Company* v. *Commonwealth,* 215 Mass. 371, 102 N.E. 617 (1913).
7 *United States* v. *Certain Lands in the City of Louisville,* 78 F. 2d (6th Cir. 1935), appeal dismissed, 297 U.S. 726 (1936).
8 Johnson, Thomas F., James R. Morris, and Joseph G. Butts, *Renewing America's Cities,* The Institute for Social Science Research, Washington 5, D. C., 1962, p. 49.
9 117 F. Supp. 705 (D.D.C. 1953).
10 348 U.S. 26 (1954), *Berman* v. *Parker.*
11 Johnson, Morris, and Butts, *op. cit.,* pp. 61–62.
12 348 U.S. 26 (1954), *Berman* v. *Parker.*
13 Weinstein, *op. cit.,* p. 322.
14 *Ibid.,* p. 321.
15 Johnson, Morris, and Butts, *op. cit.,* pp. 58–59.
16 *Ibid.,* p. 57.
17 *Bowker* v. *Worcester,* 334 Mass. 422, 430, 136 N.E. 2d 912 (1956); *Worcester Knitting Realty Company* v. *Worcester Housing Authority,* 335 Mass. 19, 24, 138 N.E. 2d 356 (1956).
18 *Graham* v. *Houlihan,* 147 Conn. 321, 160 A. 2d 749 (1960); cert. denied, 364 U.S. 833 (1960).
19 *Allen* v. *City Council of Augusta,* 215 Georgia, 778, 11s S.E. 2d 621 (1960).

第 13 章　住房质量的改变

在人类最早期，城市对人类而言是如此的具有吸引力，人类赋予了城市象征意义，认为城市是由神创造的。

——克里斯多弗·滕纳德（Christopher Tunnard）

联邦城市更新计划的首要目标之一是改善住房质量。在我们能公正地评估更新计划之前，我们必须弄清楚以下三个基本问题：

1. 在更新计划之前，住房质量处于什么水平？
2. 更新计划对住房质量的改善起到了什么作用？
3. 独立与更新计划之外的私人力量对住房质量的改善又起到了什么作用？

联邦城市更新计划是否全面改善了住房质量，这是判断更新计划是否必要而有效的依据，同时也是要不要继续实施城市更新计划的基础所在。

从前面章节中，我们已经明白联邦城市更新计划在全面改善住房质量方面的成效——效果很让人失望。既然联邦计划在改善住房质量方面是软弱无力的，我们难道不应对美国未来的住房质量，特别是城市的住房质量表示严重的忧虑吗？有些人可能会说是，但大部分人不能肯定，还有部分人可能会说不。让我们来看看最近两位专家关于城市更新计划的看法。

1960 年，在总统委员会公布的某关于国家目标的报告中，凯瑟琳·鲍尔·沃斯特（Catherine Bauer Wurster）认为：[1]

美国社区里存在着大量非标准住房，不断蔓延的“灰色地带”，以及商业和工业萧条等现象。显然，自由经济无法独自解决这些问题，地方政府也无法独自完成。（下划线上文字系作者明示）

1958 年，原哈佛大学城市与区域规划系主任雷金纳德·R·艾萨克斯（Reginald R. Isaacs）认为，除非采取积极的城市更新，否则会出现悲剧性的后果：

我们无法接受这类场景的出现，城市破产，国家接管，联邦开支大幅增加。除了这些，最终的后果可能将是社会动乱、政府解体、经济崩溃。[2]

沃斯特女士明确指出，非标准住房大量存在并且这种现象正在进一步蔓延。沃斯特的隐含之意是自由经济（即私人企业）无法够解决这一问题，以及政府的介入是必需的。而艾萨克斯则更进一步，认为如果不开展城市更新将出现社会动乱和经济崩溃等情况。

根据这两位和其他城市专家的陈述和著作，我们似乎正面临着严峻的挑战。然而，当我们仔细研究近年来住房质量的实际进展，我们会发现这类担心完全没有必要。

在过去的十年间（1950—1960年），1949年住房法案所设定的目标已经取得了突破性的进展——城市和乡村的住房条件都得到了全面性的改善。这些进展几乎完全由独立与联邦城市更新计划之外的私人力量完成，这部分内容我们将在本章中详细论述。我们已经了解联邦城市更新计划所取得的成效，现在让我们来看看私人力量的相关成效。

1940—1960年间美国的住房情况

什么是好的住房或什么是差的住房？关于这一问题不可能存在简单的答案。住房标准总是随时间和地域的改变而改变。至今尚未有人能开发出用以评估住房质量的可靠统计方法。未来也不可能。但如今我们有着大量的可用数据，虽然不存在完美的数据，但这些数据已足够用来建构一幅关于住房条件变化的图景。住房数据来自于美国统计局。虽然数据可能存有瑕疵，但这是迄今为止最好的可用数据——还没其他机构或个人能给出比这更准确、范围更广或时间更长的评估数据。

住房数据由美国统计局近15万名调查员采集所得。根据指导手册，每个调查员将每个住房单元的质量划归至三类，“良好”、“恶化”和“破旧”。[3] 关于这三类住房质量的认定，有详尽的指导手册和相关图片可供调查员参考。此外，调查员还需观看一部以描述各种不同程度“恶化”情况为主题的电影及制作花絮。

本章之所以对美国统计局的数据采集方法予以重点强调，是因为当前有相当多的人仅仅依据其本人的视觉感受就得出城市正在“恶化”的结论。以个人感受来衡量住房质量的变化情况，这一做法是不可靠的——第一，个体的经历很有限；第二，无法衡量个体的判断标准是否已发生变化。第三，个体的判断标准根本是不可知的。相比之下，由这15万名训练有素的调查员采集的数据具有相对完整性和延续性。[4] 另外，他们用以判断住房单元质量的标准是人人皆知的。

1940—1960年间，房屋质量的变化不管是从相对数字还是绝对数字来看都是极其显著的。在1940年，统计局的调查显示全美只有51%的标准住房。1950年时，标准住房比例上升至63%，即增长了12个百分点。住房质量仍在不断改进，根据最新的统计报告（1960年），全美大约有81%的标准住房。如果我们将战争年份排除在外，那么我们将会发现，只用了15年多的时间，全美的住房质量就从51%上升至81%。1940年以来美国的房屋质量趋势，详见图13.1。按图13.1的趋势推算，1970年统计调查时完全有可能全美的标准住房比例上升至90%—95%。非标准住房的实际数量也出现了大幅下降，这表明全美住房质量比例的上升不仅仅是由新建设造成的。1950—1960年间，非标准住房的实际数量从1700万下降至1090万，下降额达到了610万。同一时期，产生了1200万的新住房单元。因此，1950—1960年间的净效果是增加了1800万的标准住房。标准住房总量从2900万上升至4740万，即10年间上升了63%（详见图13.2）。

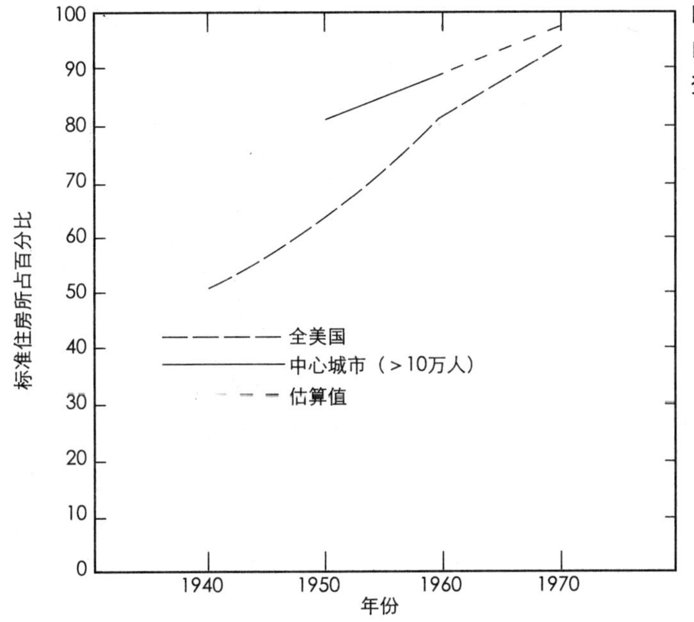

图 13.1 标准住房在美国和人口 10 万以上城市中的比例（估算）

资料来源： United States Bureau of the Census, 1940, 1950, and 1960. (Note: data for cities with populations over 100,000 were not available for 1940.)

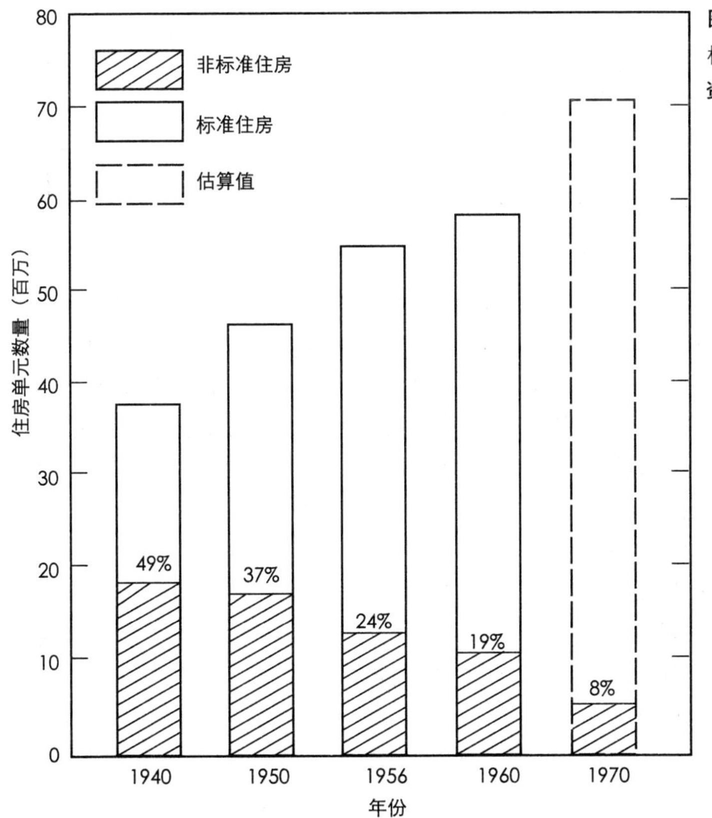

图 13.2 美国住房质量改善情况——标准和非标准住房的相对关系（估算）

资料来源： Hearings Before a Subcommittee of the Committee on Banking and Currency, United State Senate, 87th Congress, Housing Legislation of 1961, pp. 427, 428, and 463 (prepared by the National Association of Home Builders); *14th Annual Report*, 1960, Housing and Home Finance Agency, Urban Renewal Administraton, Washington 25, D. C., p. 11.

几乎所有这一切都是由独立于联邦城市更新计划的私人住房投资完成，私人资金流向私人住房建设、住房修缮和住房拆除等相关领域。1945—1960年间，美国未偿还的私人抵押贷款增至1700亿美元。[5] 其中的40%左右由联邦政府以联邦住房管理局和退伍军人管理局的名义作出抵押担保。也许，联邦政府的这一做法带动了大量资金流向住房投资，但显然，住房的潜在需求和购房者的收入增加才是主要因素。

破旧住房（严重不达标）的实际数量也出现了急剧下降。在本分析中，严重不达标的住房等同于统计局认定的破旧住房。这类住房存在安全隐患高、居住面积狭小等问题。1950年全美有9.8%的破旧住房，1960年时这一数量下降至5.2%。[6] 值得注意的是，1960年底全美的住房空置率是6.7%，即破旧住房数量要少于空置住房数量。这意味着不存在所谓的标准住房供给短缺的问题。现实的问题是，有部分人群无法或者不愿花费大量的金钱去租或买标准住房。

住房质量改善是一个持续的、复杂的进程，最终结果是许多相左的力量决定的。对这一进程中的仔细考证可能需要一整本书来论述。遗憾的是，当前尚未有相关著作。不过，我们可以通过统计分析1950—1960年间17个全美最大的都市区的房屋量的变化情况来大致了解这一进程。

许多变化已经发生。比如，通过以下三种主要方式可减少非标准住房量：

1. 住房修缮。
2. 住房拆除。
3. 将小型非标准住房单元合并为大型非标准住房单元。

同样，也可通过以下几种方式增加非标准住房的量：

1. 标准住房恶化为非标准住房。
2. 新修建非标准住房单元。
3. 将大型非标准住房单元切分为小型非标准住房单元。

这些方式的净效果既可能是非标准住房量的增加，也可能是减少。

表13.1反映了17个都市区的相关数据：1950年的住房质量情况，1950—1960年间的变化情况，及1960年的住房质量情况。让我们来分析1950—1960年间标准住房的变化情况。

1950年标准住房量是1199万套。在1950—1960年间，新建481万套标准住房，拆除43.6万套，净增值为437.4万套。同时，通过将大型住房单元切分为小型住房单元的方式，增加了64.1万套标准住房；同一时间，通过将小型住房单元合并为大型住房单元的方式，减少了45.7万套；其净增值是18.4套标准住房。

标准住房量同样受到既有住房质量的变化影响。1950—1960年间，49万套原认定为“恶化”的住房单元改造为标准住房；同时，更有21.5万套原认定为“破旧”的住房单元也改造为标准住房。但反向变化同样存在——13.5万套标准住房降为“恶化”住房，22万套降为“破旧”住房。其净增值是35万套标准住房。

1950—1959 年间 17 个大都市区既有住房的质量变化明细表（每千住房单元） **表 13.1**

住房分类	既有住房量 1950	外部变化		内部变化		质量变化			质量变化			误差	既有住房量 1959
		因新建或其他资源导致的住房增加 1950—1959	拆除或其他方法导致的住房减少 1950—1959	因合并或转换导致的住房增加 1950—1959	因合并或转换导致的住房减少 1950—1959	从标准转为	从恶化转为	从破旧转为	转为标准	转为恶化	转为破旧		
标准	11990	+4810	-(436)	+641	-(457)	—	+490	+215	—	-(135)	-(220)	-(352)	16548
恶化	1680	+74	-(181)	+109	-(207)	+135	—	+57	-(490)	—	-(113)	+411	1403
破旧	675	+26	-(171)	+58	-(51)	+220	+113	—	-(215)	-(57)	—	-(60)	538
总计	14273	+4910	-(788)	+808	-(715)	+355	+603	+272	-(705)	-(192)	-(333)	—	18489

资料来源： *United States Census of Housing*, 1960, Components of Inventory Change, Part 1A, HC(4): 1950–1959 Components. Standard Metropolitan Areas included were Atlanta, Georgia; Baltimore, Maryland; Boston, Massachusetts; Buffalo, New York; Chicago, Illinois — Northwestern Indiana; Cleveland, Ohio; Dallas, Texas; Detroit, Michigan, Los Angeles — Long Beach, California; Minneapolis — St. Paul, Minnesota; New York, New York — Northeastern New Jersey; Philadelphia, Pennsylvania — New Jersey; Pittsburgh, Pennsylvania; St. Louis, Missouri — Illinois; San Francisco — Oakland California; Seattle, Washington; and Washington, D. C. — Maryland — Virginia.

因此，1960 年标准住房量已增至 1654.8 万套——455.8 万套住房单元的净增值是上述所有力量的加和结果。（注：因统计误差，最终的净增值比各分项加和结果要多出 35 万套标准住房单元）

我们可对恶化的住房和破旧的住房进行类似分析，但总原则不会变化——住房质量变化是一个复杂的、相互关联的进程。

17 个都市区拥有全美 30% 以上的住房单元量，其住房质量变化的净效果表明：

1. 标准住房增加了 455.8 万套。
2. 恶化的住房减少 20.5 万套。
3. 破旧的住房减少了 13.7 万套。

城市的房屋质量

美国住房质量的显著增长可能主要由郊区的快速增长拉动，而中心城市的房屋质量可能实际上已出现恶化。但这一看法与事实完全是两码事。为了查明城市的住房质量情况，下列分析中将研究对象限定在人口 10 万以上城市。1950 年，城市中 80.5% 的住房被统计局认定为标准住房。1960 年，这一数据增至 88.6%。大城市房屋质量的改善情况，详见图 13.1。仔细检查图 13.1，能清楚看出城市住房质量变化情况和全美住房质量变化情况，及两者之间的关系。在过去，城市的住房质量大大好于全美的住房质量，而且这一情形一直不曾改变。也就是说，城市住房质量的改善增率与全美住房质量的改善增率之间一直近乎保持着同一比率。大城市中严重不达标的住房数量已下降至很低水平。1960 年，在人口 10 万以上的城市中，严重不达标的住房数量只有 3.2%。

上述分析是基于 128 个人口 10 万以上的城市作出的。这一结论可能因为小城市的实际数量过多而无法准确反映大城市的真实情况。因此，我们决定对全美最大的 13 个城市的住房质量情况进行进一步分析。研究结果清楚表明，城市越大，住房质量越高。对这 13 个城市而言，非标准住房只占 9.9%，破旧住房的比例只有 2.7%。关于每一大城市的非标准住房和破旧住房的比例，详见表 13.2。

1960 年美国最大的 13 个城市的住房质量 **表 13.2**

城市	总住房单元	非标准比例* （%）	破旧比例+ （%）
纽约	2758116	10.0	3.1
芝加哥	1214958	14.0	2.6
洛杉矶	935507	5.7	1.4
费城	649036	6.1	2.1
底特律	553199	6.7	2.7

续表

城市	总住房单元	非标准比例* (%)	破旧比例+ (%)
巴尔的摩	290155	6.2	3.1
休斯敦	313097	8.5	2.8
克里夫兰	282914	9.8	3.2
华盛顿	262641	9.7	1.5
圣路易斯	262984	22.8	4.5
旧金山	310559	13.8	1.7
密尔沃斯	241593	10.2	1.7
波士顿	238547	16.3	3.9
总计	8313306	10.1	2.6

* “非标准”指缺少一个或多个下水道设施的标准或恶化的住房，以及所有破旧的住房；
+ “破旧”指所有严重不达标的住房。

资料来源：U.S. Bureau of the Census, 1960.

迄今为止，我们忽略了空置住房和全美住房质量之间的关系。在使用的住房数据能告诉我们民众都居住在怎样的住房中。空置率能告诉我们既存的各类住房存在多大的租用压力。关于有人居住的住房量、空置率及住房质量条件等数据，详见表13.3。1950—1960年间，在有人居住的住房中，人口普查局认定的标准住房量从2770万套升至4420万套，净增值为1650套。同一时期，恶化的住房量从1130万套降至640万套，净减值为490万套。严重不达标（破旧）的住房量从390万套下降至240万套，净减值为150万套。显然，在有人居住的住房中，“好的”住房的净增量和“差的”住房的净减量一样显著。不妨将“好的”住房的净增量和“差的”住房的净减量与联邦城市更新计划的净成效进行对比，可看出两者间的差距多么明显。

1950—1960年间住房空置率也发生了显著变化（详见表13.3）。标准住房的空置率从1950年的3.9% 上升至1960年的6.8%，恶化的住房的空置率从9.6%上升至19.0%，破旧的住房的空置率从13.3%上升至20%。这些数字清楚表明，1950年的住房短缺现象在十年后已经得到相当程度的缓解。质量越差的住房空置率越高，即表明非标准住房需求已经大幅下降，也表明住房质量已经取得重大改善。

1950年和1960年美国的住房条件及空置率 **表13.3**

住房条件	有人居住的住房单元数（百万）			空置率	
	1950	1960	净增值（净减值）	1950	1960
标准	27.7	44.2	16.5	3.9	6.7

续表

住房条件	有人居住的住房单元数（百万）			空置率	
	1950	1960	净增值（净减值）	1950	1960
恶化	11.3	6.4	(4.9)	9.6	19.0
破旧	3.9	2.4	(1.5)	13.3	20.0
总计	42.9	53.0	10.1	6.9	9.1

资料来源：*14th Annual Report*, 1960, Housing and Home Finance Agency, Urban Renewal Administration, Washington 25, D. C., p. 11.

差的住房在哪里？

诸多观点强调美国城市中存在大量不达标的住房和破旧的住房，但出乎意料的是，统计数字并不支持这一观点。城市中差的住房受到如此多关注的可能原因之一是，差的住房集中在一起，更易被察觉，特别对于那些特别关心差的住房的人而言。然而，美国城市以外存在着大量差的住房。只有18%的非标准住房分布在人口10万以上的美国城市内。城市化程度和差的住房数量之间有显著的相关性。城市化程度越高，差的住房数量越少。从住房需求而言，也许，乡村更新计划更为靠谱。

富人和穷人之城？

今天，似乎民众对中产阶级正在城市中消失的说法也极为关注。人们预言城市未来将会分化为富人之城和穷人之城两种极端。"平衡社区"理念，即低、中、高收入群体均衡分布论，正引起社会的热议。但更易遭人攻讦的是关于中产阶级正在城市中消失的说法，经济发展委员会在最近发布的一项国家政策中提出下述主张：

1945年以来，中产阶级核心家庭一直在迁往郊区；低收入群体，包括相当数量的少数族裔，一直在占用空置出来的住房，即基本没有空置住房，住房和配套设施破旧化是非常明显的现象。[7]

凯瑟琳·鲍尔·沃斯特女士认为：

总体来说，城市更新项目中心城市正在变为一个穷人、富人、丁克家庭及各类少数族裔家庭的聚居地。[8]

由穷人、富人、丁克家庭和少数族裔家庭构成的城市是否是一个差的城市，这仍是一个需要商榷的论题。但我们先不讨论这一论题，而转为关注是否真的存在这一人口迁移运动。如果城市并不是仅由富人和穷人构成，那么，完全没必要花费太多时间来反对或支持上述城市正在变差的说法。通过分析全美城市各收入阶层的空间分布变化情况，我们可以找到正确答案。

这一小节的主要结论是基于美国人口10万以上城市的收入分布变化情况作出的。关于1950—1960年中心城市家庭的收入分布情况及美国家庭的收入分布情况详见图13.3。[9]1950—1960年间，城市曲线和美国曲线都明显往右侧移且逐渐趋向平缓；这强烈表明，无论是就城市而言或就整个国家而言，不仅收入水平在上升，并且收入分布变得更为均衡化。现在让我们来回答“消失的中产阶级”的问题，1960 年城市家庭收入分布曲线比国家家庭收入分布曲线更往右移。1960 年 56.7% 的城市家庭的收入水平处于4000—10000 美元之间。显然，当今城市不是富人和穷人之城，而是中产阶级之城。

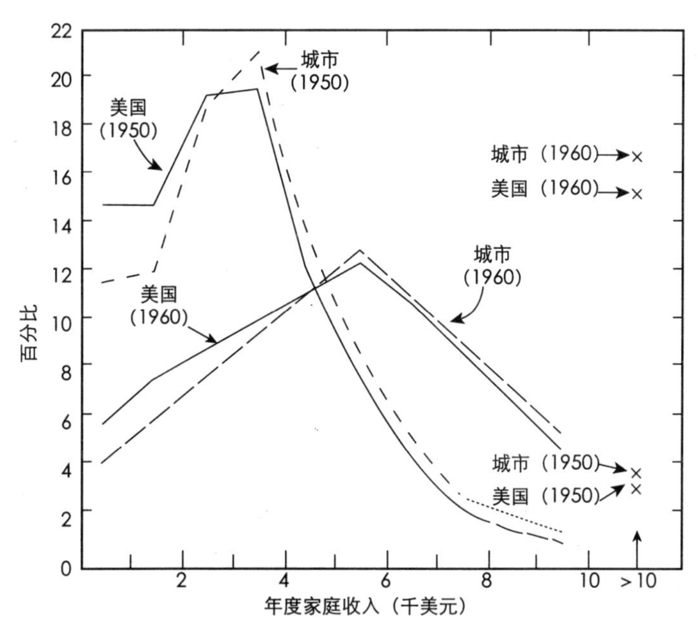

图 13.3 1950—1960 年间美国和人口 10 万以上城市的收入分布关系图

资料来源： Bureau of the Census, *United States Summary: 1960*, Advance Reports, PC(A3)-1, Table 100, p. 7; *United States Summary*, Characteristics of the Population, Volume II, Part 1, Table 92, pp. 157, 158.

当然，也可能存在这一现象：虽说当前城市中有 56.7% 的居住人口是中产阶级，但完全有可能过去这一比例更高，因此，城市的中产阶级比例在下降。如果真是这一情况的话，1950 年城市家庭收入分布曲线应明显比 1950 年美国家庭收入分布曲线更往右移，但只要查看图 13.3 就可明显看出事实并非如此。1950 年以来，城市收入分布曲线和美国收入分布曲线的相对位置基本没有改变过。因而，在 1950—1960 年间，中心城市的中产阶级在全美的比例不曾改变；而且，当今中心城市的中产阶级比例要高于全美其他地区。这些发现都强有力地驳斥了关于城市正在沦为富人和穷人之城的观点。

低收入群体、少数族裔的住房质量变化情况

人们通常认定并指责：在资本社会自由市场下，只有那些有能力的人能获得好处，穷人和有色族裔却无法改善他们的生活条件。许多人相信，私人企业无法有效改善穷人的居住条件，因此，以联邦城市更新计划形式出现的联邦补助，是必需且高效的。但让我们来检查下实际

情况。

1963年5月，美国住房与家庭财政部出版了《有色族裔人口及居住条件：1950—1960年间的变迁》。这份报告的核心是有色族裔的住房质量有了显著改善。源自这一报告的下述摘录反映了私人企业对有色族裔的影响：

1960年，美国的有色族裔主要包括：华裔，日裔，印第安人和黑人；其中92%的有色族裔是黑人。

20世纪初，87%的有色族裔集中在美国南部的乡村地区。近年来，对更多更好的就业机会的渴望，促使大量有色族裔离开了美国南部，尤其是黑人。

20世纪50年代，近150万有色族裔离开了美国南部（如表13.4所示），大多数人迁移到了美国北部的中心地区和美国东北部。

20世纪50年代有色族裔由农村往城市迁移的现象是非常著名的。在美国最南部，有色族裔除了迁出本地外，相当多的人迁往城市。来自全国各地的有色族裔的大量涌入，使得有色族裔在城市人口构成中的绝对数和相对数都很大……

有色族裔的迁移人口量（1950—1960年） **表13.4**

区域	迁移人口变迁
东北部	+541000
北部中心地区	+558000
西部	+332000
南部	-1457000

资料来源： *Our Nonwhite Population and Its Housing: The Changes between 1950 and 1960*, May 1963, Housing and Home Finance Agency, Office of the Administrator, Washington 25, D. C., p. 2.

在有色族裔迁往城市的过程中，他们趋向于迁往中心城市。1960年约有1030万（过半有色族裔）居住在中心城市，与1950年相比，净增了63%。

有色族裔往大城市集中的更有力证据是，1950—1960年间，在美国前10位的大城市中，有色族裔人口数量增加了56%，而白色人种人口数量却减少了8%。因此，美国前10位城市的人口增长源于有色族裔的迁入。

住房质量

最令人欣喜的是1950—1960年间，有色族裔家庭的住房条件有了大幅改善。有色族裔的标准住房率——即非破旧的，且拥有私人卫生间、浴室和自来水的住房——从原来的略大于四分之一上升到现在的半数以上。同一时期，白人家庭的标准住房率从68%上升到87%。因此，即使与白人家庭的住房质量改善情况相比，有色族裔的住房质量改善情况是非常显著的。

1950—1960 年间全美四大统计地区有色族裔家庭的标准住房率变化情况（详见表 13.5）。

有色族裔的住房质量 **表 13.5**

	1950 年		1960 年	
	标准住房率	非标准住房率	标准住房率	非标准住房率
整个美国	28	72	56	44
东北部	59	41	77	23
北部中心区	44	56	73	27
西部	59	41	79	21
南部	13	87	38	62

资料来源： *Our Nonwhite Population and Its Housing: The Changes between 1950 and 1960*, May 1963, Housing and Home Finance Agency, Office of the Administrator, Washington 25, D. C., p. 14.

在这十年间，南部有色族裔的居住条件改善程度最大。虽然与其他地区相比，南部有色族裔的住房质量仍然严重滞后。

拥挤程度

反映住房是否能满足需求的另一指标是家庭规模和住房单元规模之间的关系。1950—1960 年间，虽然白人家庭规模不断缩小，但有色族裔家庭规模基本保持不变。

20 世纪 50 年代，有色族裔家庭规模的中间值仍维持在 3.3 人/家庭，但家庭住房单元空间变得更具延伸性和灵活性。非乡村的有色族裔家庭的拥挤住房单元（每间房间容纳超过 1.01 人）比例从 32% 下降至 27%。

1950—1960 年间，有色族裔家庭的过度拥挤住房单元（每间房间容纳超过 1.51 人）比例从 18% 下降至 13%……虽然比例在缩小，但 1960 年过度拥挤住房单元数却比 1950 年要多增加了 85000 个（如表 13.6 所示）。

过度拥挤的非乡村住房单元 **表 13.6**

	白色人种		有色族裔	
	1950	1960	1950	1960
单元总数	1450000	1071000	548000	633000
拥挤比例	4.3%	2.4%	18.3%	13.1%

资料来源： *Our Nonwhite Population and Its Housing: The Changes between 1950 and 1960*, May 1963, Housing and Home Finance Agency, Office of the Administrator, Washington 25, D. C., p. 16.

租金和房产价值

在 1950—1960 年间，虽然有色族裔在支付租金和拥有的房产价值都上升了 2 倍，但租金和房产价值仍远低于白人家庭（如表13.7所示）……这一现象表明有色族裔的住房质量相对要差一些，有色人群仍只能居住在这类低价值住房中。

1950和1960年的平均月租金和住房价值情况 **表13.7**

	平均每月租金（美元）		平均住房价值（美元）	
	1950	1960	1950	1960
白人	44	75	7700	12230
非白人	27	58	3000	6700

资料来源： *Our Nonwhite Population and Its Housing: The Changes between 1950 and 1960*, May 1963, Housing and Home Finance Agency, Office of the Administrator, Washington 25, D. C., p. 19.

有色族裔居住的标准住房单元数量出现了显著变化。在1950—1960年间，标准住房单元数量从106.8万套上升到288.1万套，即净增值是181.3万套。在这十年间，那些非标准住房单元从280万套减少至226.3万套，即净减值是53.7万套（如表13.8所示）。

1950—1960年间，尽管美国有色族裔的住房质量与白人相比仍存在较大差距，但有色族裔的住房质量已经发生显著改善。

1950—1960年间美国有色族裔住房质量 **表13.8**

	1950	1960	变化
标准	1068000	2881000	+1813000
非标准	2800000	2263000	-537000
总计	3868000	5144000	+1276000

资料来源： *Our Nonwhite Population and Its Housing: The Changes between 1950 and 1960*, May 1963, Housing and Home Finance Agency, Office of the Administrator, Washington 25, D. C.

这一阶段的标志是，大量移民从美国住房质量最差的南部地区迁移到美国其他地区，其中主要迁往城市地区。这一移民潮，以及有色族裔的收入增长，促使美国住房质量得到明显改善。美国有色族裔的住房拥挤程度也大为减轻，而且除了美国南部地区之外，有色族裔的住房质量在迅速接近白人的高质量住房水平。不计美国南部地区，75%的有色族裔居住在标准住房中。

已被或将被联邦城市更新计划强迫驱离住所的民众中，有60%—70%左右是有色族裔人群。与美国其他民众相比，他们中的大多数是低收入群体。有效执行的联邦城市更新计划还是自由市场下竞争性贸易谈判，哪个对他们更为有利？

首先，让我们来回顾一下，1950—1960年间联邦城市更新计划在住房供给方面的净效果：低租金住房数量在不断减少，高租金住房数量——在绝大多数有色族裔家庭的承受范围之外——在不断增加。另一方面，私人企业为有色族裔增加了181.3万套标准住房单元，同时，减少了53.7万套非标准住房单元。美国的有色族裔清楚认识到，联邦城市更新计划在恶化他们的住房条件，而自由市场则在大力改善他们的住房条件。

注释

[1] Catherine Bauer Wurster, "Framework for an Urban Society," *Goals for Americans—The Report of the President's Commission on National Goals*, Englewood Cliffs, N.J., Prentice-Hall, Inc., 1960, p. 229.

[2] Reginald R. Isaacs, "The Real Costs of Urban Renewal," *Problems of United States Economic Development*, papers by 49 free-world leaders on the most important problems facing the United States, Committee for Economic Development, New York, January 1958, p. 115.

[3] The official definitions of the Bureau of the Census for the 1960 reports are:

Sound housing is defined as that which has no defects, or only slight defects which are normally corrected during the course of regular maintenance. Examples of slight defects are lack of paint; slight damage to porch or steps; small cracks in walls, plaster, or chimneys; broken gutters or downspouts.

Deteriorating housing needs more repair than would be provided in the course of regular maintenance. It has one or more defects of an intermediate nature that must be corrected if the unit is to continue to provide safe and adequate shelter. Examples of such defects are shaky or unsafe porch or steps; broken plaster, rotted window sills or frames. Such defects are signs of neglect which lead to serious structural damage if not corrected.

Dilapidated housing does not provide safe and adequate shelter. It has one or more critical defects; or has a combination of intermediate defects; or is of inadequate original construction. Critical defects are those that indicate continued neglect and serious damage to the structure.

[4] For the purposes of this study an evaluation of the absolute number of substandard homes is not sufficient; it is equally important to know what the *changes* in housing quality have been in the past and what they might be in the future. For this reason it is necessary that the data for different years be comparable. The definition of dilapidated housing in 1960 was theoretically unchanged from the definition used in the 1950 census. In the 1950 census the enumerator was required to classify a unit into one of two categories: "not dilapidated" and "dilapidated." In the 1960 census the classification of "not dilapidated" was theoretically divided into two parts—"sound" and "deteriorating." However, in the opinion of some housing experts, the dilapidated count of the 1950 census should be compared with the "dilapidated" count plus some per cent of the "deteriorating" count in 1960.

"Anyone familiar with the problem of training 150,000 enumerators on a mass production basis can well understand the difficulty of getting across fine distinctions in definitions. In 1950, the enumerator probably completed his training with the general impression that housing units were to be classified as good or bad (not dilapidated or dilapidated). In 1960, it is likely that this training would have left him with the impression that he should classify units into good, bad, and very bad (sound, deteriorating, or dilapidated). The training film emphasized, of course, that 'bad' in 1950 was the same as 'very bad' in 1960, but through the blur of several short days of training on a thousand and one items, the average enumerator could hardly be expected to remember more than the most obvious of instructions: It is believed very probable, therefore, that the dilapidated count of 1950 should be compared with the dilapidated count plus some per cent of the 'deteriorating' count in 1960." (From a report prepared by Mr. Joseph P. McMurray in 1960. Mr. McMurray was chairman of the Task Force on Housing appointed by President John F. Kennedy.)

In order to compensate for this it is necessary to devise two new categories for 1960 which are comparable with the 1950 categories of "not dilapidated" and "dilapidated." The first of these new categories includes all sound and deteriorating housing *with* all plumbing facilities. This category is comparable with the 1950 category of "not dilapidated." The second category includes dilapidated dwelling units plus sound and deteriorating dwelling units which lack one or more plumbing facilities. This second new category is comparable with the 1950 category of dilapidated.

The data for 1940 are only roughly comparable with the 1950 and 1960 data. A "major repairs" category was used in 1940, and no reliable data have been obtained to compare the relationship of this category with the "dilapidated" category of 1950. Using the modified 1960 census figures, it is possible to get a reasonably valid comparison of the 1940 census figures with those of 1950 and 1960.

[5] *Statistical Abstract of the United States*, U.S. Department of Commerce, 1961, Washington, D. C., p. 769.

[6] United States Bureau of the Census, 1950, Vol. 1, Part 1, Table 1; Advanced Reports, HC(A1)-52, 1960, Table 1.

[7] *Guiding Metropolitan Growth*, Committee for Economic Development, New York, August 1960, p. 18.

[8] Wurster, Catherine B., "Framework for an Urban Society," in *Goals for Americans*, The report of the President's Committee on National Goals, Englewood Cliffs, N.J., Prentice-Hall, Inc., 1960.

[9] Note: In 1950 the Bureau of the Census only made income distributions for cities available for the combined category of families and unattached individuals. To correct for this, it was assumed that the relationship between the income distribution of families and the income distribution of unattached individuals for the whole United States would be the same as in the cities. Proceeding on this assumption, the income distribution for families and for unattached individuals in cities was adjusted to show the estimated distribution of income for families living in cities for 1950.

注释3、4、9译文：

3　美国统计局在1960官方报告中对住房的定义：

好的住房：没有缺陷，或存在一些只需日常维护就可解决的轻微缺陷。如涂料脱落、门廊或台阶的轻微损坏、墙壁或烟囱上有小裂缝，下水管渗水或水槽破裂。

恶化的住房：需修复工程量要大于日常维护，如果要保证住房能继续提供安全和舒适的住房条件，就必须对一些严重缺陷进行修复。如不稳定不安全的门廊和台阶、坏掉的石膏板、腐烂的窗台和床架。这些影响如果被忽视的话将会导致严重的机构损坏。

破旧的住房；无法提供安全和舒适的居所。存在一个或多个致命缺陷，或是诸多中间性缺陷，或者是初始结构不达标。致命缺陷是那些如果继续忽视将对结构造成严重损害的缺陷 。

4　仅仅评价非标准住房的绝对数量是不够的，住房质量在过去和将来的变化情况和趋势同样重要。因此，有必要对不同年份的数据进行比较。1960年对破旧住房的定义与1950年相比，没发生什么变化。1950年的统计中，调查员需将住房单元划分为“破旧的”和“非破旧的”。在1960年的统计中，“非破旧的”又被细分为“好的”和“恶化的”。但是，某些住房专家指出，1950年统计中“破旧的”定义等同于1960年统计中的“破旧的”以及部分“恶化的”。

“任何一个对培训150000个调查员的难度有充分了解的人，都能明白区分清楚定义的差异所在有多难。1950年调查员被培训成能通过自己的感官印象来划分住房的质量的好或者差（破旧的或非破旧的）。1960年培训后的调查员需要划分好、差、非常差（好的、恶化的和破旧的），培训电影中强调指出，1950年的“差”的标准等同于1960年的“非常差”标准。但仅仅通过简短几天的大课堂式的培训项目，我们不应期待调查员能记住最明显的指导之外的东西：这是很易理解的，因此1950年破旧的住房数量必须和1960年破旧的住房及部分“恶化的”住房数量相比较。（1960年Joseph P. McMurray撰写的某专题报告，Joseph P. McMurray是美国肯尼迪总统委派的住房管理局特别委员会主席。）

为了修正上述误差，相较于1950年的“非破旧的”和“破旧的”分类标准，1960年有必要新设两个新的分类范畴。第一类范畴包括所有好的和恶化的住房中拥有垂直电梯的那部分住房，这一范畴对应于1950年中的“非破旧的”住房分类。第二类范畴就是破旧的住房，以及恶化的住房中缺少一个或多个垂直电梯的住房。这一范畴对应于1950年的“破旧的”住房。

1940年的统计数据仅能与1950年和1960年的数据进行模糊对应，1940年采用了“大修”的概念，大概能与1950年的“破旧的”范畴之间对应，但并不存在可比较的数据。修正后的1960年数据，大致也能喝1940年和1950年的数据进行模糊对应。

9　1950年，统计局仅根据家庭分类而不是个人分类来研究城市居民的收入分布情况。为了改进这一问题，假定美国和城市中个人的收入分布情况是与美国和城市中家庭的收入分布情况相一致的。在这个假定下，以1950年城市中家庭收入分布情况来代替1950年城市中家庭和个人的收入分布情况。

第 14 章　结论：废除城市更新计划

即便是法律，
也不应一成不变。
亚里士多德

有些观点认为，对联邦城市更新计划下定论还为时过早；他们认为，“更新计划才刚开展了 15 年。项目周期往往比原先预想的要长，通常需要 10 年以上。更新计划虽然没有你我设想得那般美好，更新计划仍然处于试点阶段。”这一观点的潜台词是，只有政府计划已经完成或按设想有计划开展时，才能对政府计划作出判断。是的，对于历史学家而言，他们总在事后才作出分析和判断。但对于决策者而言，必须在当下就作出判断。因为，今天的决策结果对未来的城市更新走向会产生深远影响。所以，决策必须马上作出，但不能在知识真空的情况下作出——延缓对更新计划的评估就是等于默认城市更新计划继续开展。

自 1949 年以来，联邦城市更新计划无论在规模上还是范围方面都在逐年扩张。这已足够清楚表明更新计划已做的及还将做的是什么。从启动之初，更新计划就已在试点。让我们来检查下更新计划试点工作的成效如何。

至今，对于大多数地方政治家而言，联邦城市更新计划是他们的政治资产——在使用推土机和起重机摧毁建筑、再重建建筑的过程中，他们以“分享了联邦财政”和“让城市更新运作起来”而自傲。通常，被摆弄被欺负的是最贫穷的人、是黑人、是波多黎各人；至于一般的普罗大众则不关心或根本没听说过更新计划。

可是，不少案例已经表明，对更新计划的抵抗正在不断升级。当越来越多的人被驱离居所，当越来越多的商人被迫停止他们的商业活动，当上百亿的公共财政用于更新计划时，关于更新计划的批评开始不断增多。随着越来越多的人开始明白城市更新的本质，美国城市事务方面的一些著名专家已经开始思考更新计划的未来。1961 年 10 月，原麻省理工大学和哈佛大学城市研究联合中心的主任——Martin Meyerson 教授，作出了如下论述：

让我们假设，城市更新拥有独特的魔力——某些人想通过城市更新创建一个更好的城市，如城市会变得更具吸引力、更便利等。正因为这一魔力的存在，越来越多的城市在政治上欢迎城市更新。但这只是城市更新实际完工前的美好想象而已。城市更新的实际成效仍有待检查。正如你我所言，坐在直升机上俯视城市时，你会发现更新地块总面积基本可忽略不计。所以，当前城市政府在政治上欢迎城市更新，更多的只是城市的一种表态而不是事实。随着越来越多的人开始明白城市更新的本质后，人们对城市更新的支持就会萎缩，甚至转而敌对，除非更新地区是在市场力量下被铲平的。[1]

不少学者赞同 Meyerson 教授的这一观点。比如，宾夕法尼亚州大学城市规划系教授 David Wallace 博士不久前曾说道：

有件事是明确的，在几乎每个案例中，在那些公众和他们选举出来的代表明白城市更新的真实含义的地区，他们都是反对更新计划的……政治家们已经开始这样说，"请放松些，不要把船打翻。让我们把不相关的东西去掉。"更新计划——这一公众不甚了解的计划，其最初的光环正在消失。因为成本、税收、流离失所等问题所导致的政治被动和窘境，正使得更新计划举步维艰。[2]

从 1963 年底开始，对城市更新的反抗正在不断升级。麻省理工大学和哈佛大学城市研究联合中心的主任 James Q. Wilson 认为：

社区对城市更新的反抗正在不断升级。早期的城市更新项目，一般很少遇到有组织的反抗。但是，事情已经发生了转变，人们已从他人的经验中汲取到教训。现在，在这几年才卷入城市更新的城市中，规划师们经常发现，在拟开展城市更新活动的地区中，人们早已准备好锋利的牙齿等着他们呢。[3]

谁需要城市更新？自然，不可能是低收入群体——他们是被驱离的对象，他们被迫为他们无法承受的现代化公寓腾挪空间。另外，很难确定中产阶级是否真正关心城市更新所导致的城市新变化。当然，他们会关注某些方面；几乎所有人都同意一个美丽、干净的城市比丑陋的、肮脏的城市要更美好。自然，可以通过调研中产阶级愿意或希望付出多大的代价来实现城市更新所指向的目标，从而确认中产阶级的对更新计划的关注程度。如为了实现城市更新的这些目标，中产阶级是否愿意拿出更多的收入用于他人的住房和公共设施建设？过去，基本没有迹象表明中产阶级有很强的意愿来这样做。而且，在未来的 10—20 年内，中产阶级的价值观似乎也不会出现较大改变。

那么，是谁在幕后强力推动着城市更新呢？原纽约大都市区研究中心的主任雷蒙德·弗农（Raymond Vernon）认为，城市更新的主要推力来自于两大精英团体——财富精英和智力精英。[4] 两大精英团体与中心城有着密切的经济和社会联系。而且，他们的立场决定了他们要维持这种联系，尽管这与非精英的需求和意愿相背离。两大精英团体的成员包括了金融机构、报社、大型购物商场、中心城房地产拥有者、学术智囊、城市规划师、城市政治家，以及其他与维持和提升城市面貌之间存在直接利益关系的群体。

总而言之，弗农主任的观点具有一定的客观性。虽然，美国的绝大多数民众都认为联邦城市更新计划试图复兴城市衰败地区并帮助居住在衰败地区的人们。但是，对更新计划实施效果的评估表明，更新计划复兴城市衰败地区的主要目的是为了那些不住在衰败地区的人们。我们必须严肃探讨下述问题：联邦城市更新计划是否有效地创造了一种新型城市社区？构成这一新型城市社区的人们是否是那些收入较高的白人？白人的社会需求是否比原居民更令人向往？

误解和事实

某些关于联邦城市更新计划的误解是非常根深蒂固的。这其中不仅涉及城市更新宣传中拟加以解决的问题的范围和性质，还包括城市更新成效的广度和深度。为了驱散掉围绕在更新计划周边的迷雾，我们将关于更新计划的核心误解和一些最可信的事实和估测并排放在一起。如果只是阅读左栏中关于城市更新的误解部分，人们几乎不可避免地会得出城市更新是值得肯定的这一结论。但是，如果再阅读右栏中相关事实和估测部分，那么，人们就会得出更符合事实的实证性结论，即联邦城市更新计划是令人失望的。

表 14.1

误解	事实和估测
在1950—1960年期间，美国的住房质量出现了严重的恶化，尤其是在大城市	在1950—1960年期间，可能是联邦住房质量获得最大改善的时期。这一结论同样可适用于城市，尤其是大城市
中产阶级在城市生活中的地位正在不断下降，而低收入者、少数种族和高收入者的重要性正不断加强	如今，中产阶级在大于10万人口的城市中的比例是57%。自1950年以上，相对于低收入者和高收入者而言，中产阶级的重要性一直保持在高位。相对于整个国家而言，中产阶级在大城市中所占比例更高
联邦城市更新计划在解决住房问题，特别是中低收入人群的住房问题上，作出了显著贡献	联邦城市更新计划使中低收入人群的住房问题更为艰难。因为该计划拆除了大量低租金住房
在城市更新地区新建的大部分建筑是针对低收入者的公共住房	城市更新地区新建的大部分建筑是针对高收入家庭的高层公寓；只有6%的建筑是公共住房
被联邦城市更新计划驱离出家园的人们，搬进了更好的社区，住上了更好的住房	大多数搬离原住所的家庭搬进了同等程度甚或更差的社区，住在同等程度或更恶劣的住房里。而且，他们大多需支付比原先更高的租金
城市更新帮助了穷人，尤其是少数族裔	城市更新帮助了富人和部分精英群体，伤害了低收入群体，特别是少数族裔
城市更新对任何族裔的影响都是一样的	超过60%以上被驱离的人要么是黑人、要么是波多黎各人，要么是其他少数族裔
联邦城市更新实际上并没有影响太多人	至1962年，166.5万人口已经或正被要求搬离家园。如果更新计划继续扩张，那么，未来将要有数百万人口被迫搬离住所
城市更新消除了贫民窟，并阻止了衰败的进一步蔓延	城市更新只是简单地将贫民窟从一个地区转移到另一个地区，实际上，反而是促进了贫民窟和衰败地区的蔓延
城市更新有力增加了城市的税收财政	迄今为止，城市更新可能导致了城市税收财政的减少。有迹象表明，城市更新对城市税收的增幅作用有限；即使有增幅作用，增幅也是微小的
城市更新在美国国家经济中有着重要作用，是城市经济的重要组成部分	城市更新在美国国家经济中的作用是微弱的。虽然城市更新在城市经济中的作用要相对大些，但仍然不重要
如果没有联邦城市更新计划，那么城市更新地区的新建筑不可能在城市中出现	据估计，即使没有联邦城市更新计划，城市更新地区的新建筑中的50%左右，仍会出现在城市的其他地区

续表

误解	事实和估测
城市更新地区的私人建筑是完全由私人借贷机构放款的	城市更新地区中将近35%的私人建筑是由联邦国家抵押联合会放款的，即由联邦政府加以资助的
城市更新的钱绝大多数来自私人投资。政府每出资1美元能带动4美元的私人投资	城市更新的钱主要来自政府。政府每1美元的补助金和贷款只能带动1美元的私人投资，而不是4美元
城市更新项目一般只需要数年时间就能完工	城市更新所需时间很长。更新项目一般需要近12年时间才能完工
城市更新活动对私人开发商而言是有利可图的	迄今为止，私人开发商并没有赚到多少钱。虽然，潜在利润是存在的，但是，开发商们却无法真正实现
住房修缮要优于城市再开发。在住房修缮中，人们并不需要被迫搬离住所，成本也较少，而且较容易实现	住房修缮存在和城市再开发相似的问题。因为人们无法负担修缮费用，或他们不想进行修缮，导致人们仍然会被迫搬离住所。同时，住房修缮仍需要大量的公共补助，住房修缮的管理同样十分复杂，需要投入大量时间。住房修缮是否能取得重大进展令人怀疑
联邦城市更新计划的合宪性不容置疑	联邦城市更新计划的合宪性仍然是个存有争议的话题，有理由相信，更新计划是不合宪的
城市更新显然是公共利益，从国家的角度而言，其净效果是“好的”	关于城市更新是否符合公共利益从来没有明确的定论。事实上，强有力的证据可以证明城市更新并不是公共利益
城市更新是被社会广泛接受的，政治家只是响应了民众要求	几乎没有人对城市更新的后果有着清晰的认识。社会对更新计划的普遍漠视和冷漠被误读为被社会广泛接受。因此，政治家们只是积极响应了少数精英群体关于城市更新的观点
从这些盛行的误解可解读出：联邦城市更新计划的净效果是可喜的	实际事实和估测则表明，联邦城市更新计划的净效果是不理想的

该做些什么？

如果当前的联邦城市更新计划模式是糟糕的，那么我们该做些什么呢？未来的更新计划存在以下四个选择路径：

1. 更新计划在过去已有原则下继续开展并扩张。
2. 更新计划作出了某些修正，消除了当前存在的问题，运行更为高效。
3. 废止联邦城市更新管理局，其主要功能被分解到其他专门解决相关问题的联邦和地方机构中。
4. 废除更新计划。

让我们来检查下每条选择路径的相关细节。

如果更新计划在过去已有的原则下继续开展并扩张，那么，显然，过去遇到的困难在未来仍会遇到，只是规模更大而已。随着愈来愈多的民众被驱离住所，愈来愈多的资金投入其中，需要采取愈加剧烈的手段，需要付出高额的自由成本和资金成本。

迄今为止，无论是土地减值（Write－down）政策的激励作用，或城市土地集中成片开发，或由政府提供担保抵押，都不足以吸引私人开发商对以增加税收为宗旨的城市更新地区进行大规模的投资。为了引导城市更新地区的发展，需要采取更为强有力的政府激励政策。例如，可能需要采用以下几种手段：

1. 加大地方房地产税的退税额度；
2. 加大联邦政府在项目净成本中所占份额；
3. 强调城市修缮，且由联邦政府提供一定比例的财政补助；
4. 向私人开发商提供低于市场利息率的联邦补助贷款；
5. 将上述4个"刺激性"手段的适用范围扩展至商业和工业建筑中。

加大政府对住房的干涉力度。住房再安置问题将愈加严重，需要政府官员经常性地直接干涉。在地方政府官员的直接干涉和联邦政府官员的间接干涉下，大片的城市土将集中在政府手中，用于安置房建设。

所有上述步骤将促使更新计划进一步膨胀，从而引发出诸多连锁反应。如新建筑建设所需的公共补助额将大幅攀升，政府直接干涉力度也将加大。考虑到进一步膨胀后的更新计划可能会造成的后果，上述成本的追加并不能得以实现。因此，更新计划的进一步扩张，并不是个明智的选择。

也许，第二种选择路径听起来更为可行：修正现有的更新计划。让我们来看看需要采纳哪些措施。这些措施并非是最佳的解决办法，但有助于减轻当前的槽糕局面。

措施一．保护城市更新中的受害者。如果更新计划要继续发展，那么，就得保证家庭、个人、或商业活动不会被驱离家园，除非能在他们乐意居住的宜居社区内提供他们能负担得起的标准住房。似乎不可避免的是，这一问题只有通过扩大公共住房计划才能解决。这种做法的结果是，城市更新计划的步伐，在很大程度上，将由公共住房计划的步伐快慢所决定。

措施二．更新地区应分片分期开发；也就是说，整个项目应分期运作。以城市更新之名摧毁成千上万的私人家庭，并将平整后的土地作为临时停车场，同时立马引入私人开发商对用地进行开发。这样的做法是不合理的。

措施三．任何人不应被驱离他的住所，除非私人开发商给出了可信的承诺。

措施四．联邦政府在更新计划中的份额应建立在现金支付的基础上。以现金支付的方式将联邦政府的份额和城市政府的份额进行匹配。通过这种做法，可以消退许多城市对城市更新的热情。这些城市加入联邦城市更新计划的动机，只是为了能从联邦政府那拿到一笔钱而已。

措施五．任何一个城市更新项目都应进行全市性的投票表决。这有助于反映出市民对城市更新的真实看法，并可以将一些主要问题暴露在公众面前。

措施六．禁止联邦政府对公寓建筑进行补助。因为公寓建筑的针对对象是高收入家庭，因为政府用于征用、清理、平整土地的费用支出却要高于土地的出售价格，即需要纳税人来买单。所以，如果低收入住宅将被豪宅所取代，那么，至少应该保证这类豪宅不应由联邦纳税人来买单。

措施七．必须要让联邦民众明白，联邦政府实际上将大量的公共资金借贷给私人再开发商用于建设这类高层住宅。如果纳税人认为不应该将公共资金用于这类用途，那么，就应停止此类借贷项目。

所有这些措施对联邦城市更新的净效果是，因为这些措施看似在任何修正方案中都是必需的，但这又可能导致城市更新活动量出现急剧的紧缩。例如，如果在标准安置房建设完成之前，不得进行强制拆迁，那么城市更新的步伐将大为减缓，因为公共住房项目的建设速度非常缓慢。如果大片土地没有一次性清理出来，那么很难吸引私人开发商进驻，因为开发商会认为周边环境不利于拟开发地区的发展。如果联邦城市政府只能提供定额资金，那么城市更新项目决不会如当前这般对城市政府充满吸引力。如果每个城市更新项目都需要进行投票表决，那就必然要求多数选举人认为该项目是必需的，而这意味着城市更新项目很难成功启动。如果政府要求开发高层公寓的开发商自身承担土地征用和开发的所有成本，那么高层公寓的数量将急剧下降。如果联邦政府停止放贷给私人开发商开发公寓住房，公寓住房的建设量将进一步下降。

小结，如果上述诸多的修正措施加以实施，那么，城市更新活动势必将大为放缓。这清晰地说明了当试图对本质上是坏计划的更新计划作出修正时，将会发生哪些情况。显然，如果离开了计划中那些坏方面，更新计划是无法运作的；并且，任何试图减轻更新计划所存在的各类代价的措施，都只是起到了一个作用：那就是使更新计划的步伐变缓。上述做法的净效果是，相关的代价可能会减少，但是代价仍然真实存在，而所谓的益处却基本不存在。

第三种可能的选择是取消城市更新管理局以及联邦城市更新计划。联邦城市更新管理局中处理低收入住房等相关问题的相关职能、为中产阶级住房提供贷款的相关职能，为社区的公共设施提供贷款的相关职能，可转移至住房和家庭财政机构下的各部门。作为由联邦政府设立的这些部门，能专业化地处理上述领域。如低收入住房职能可由公共住房管理局负责，为中产阶级住房提供贷款的职能可由联邦国家抵押联合会负责（这类贷款也可由联邦住房管理局担保以引导私人借贷机构提供相关借贷服务），为社区的公共设施提供贷款的职能可由社区公共设施管理局负责。通过上述步骤将取消的相关服务包括：

1. 联邦对社区规划的指导；
2. 联邦对社区公共设施的补贴；
3. 以征用权的名义征用某些私人财产以满足他人的私人用途。

这些服务的取消并不是一种损失，而是一种获益。

当然，更新计划的许多基本服务职能仍可像过去那般运作——建造公共住房，提供间接住房贷款，提供住房的抵押担保，提供借贷服务资助地方社区的公共设施的建设。但是，差别在于，这些服务职能现在分得清清楚楚，人们可以很清楚了解到每项服务将产生什么样的结果。但在联邦城市更新计划的复杂运作体系中，这基本上是不可能的事情。

第四种可能的选择路径是停止联邦城市更新计划。只要停止审批任何新的项目，该选择路径立马就可以实现。所有已签订协议的项目，如果地方城市仍要求继续运作，那么应尽可能快完工。如此这般剧烈、激进地选择路径会造成怎样的后果呢？贫民窟是否会扩张，住房质量是否会恶化，城市是否会死亡？答案自然是“不是”——只需将城市专家这一“看得见的手”指导下的联邦城市更新计划的成效与自由市场这一“看不见的手”指导下的私人计划的成效相比较，我们就会发现，事实充分证明了自由市场系统是更为高效的。既然这些工作能在一个相对自由的住房市场下完成，那么，理性的选择应是允许自由市场自主运行，而不是去扼杀自由市场。但是，联邦城市更新计划却试图走向自由市场的另一端——其结果只能是灾难性的。

结论

在1949年，国会试图通过建立联邦城市更新计划的做法来缓解住房问题和城市问题。其内在逻辑是建立在私人住房市场无法很好地完成该项工作或在缺乏大量联邦补助的情况下无法快速地完成该项工作。因此，由两股不同的力量在努力解决住房和城市问题。其中的一股力量是私人企业，由市场作用所指导。另一股力量是联邦城市更新计划，由城市专家所制定的计划所指导。

相关迹象表明，在私人企业取得了重大成果的同时，联邦更新计划却收效甚微。联邦城市更新计划的整体成效表明，更新计划是个失败的计划，而不是个值得肯定的计划。更新计划有助于高收入群体，并伤害了低收入群体。与私人力量所取得的成效相比，更新计划的成效是消极的。与更新计划的微弱成效相比，更新计划的代价又是巨大的。更新计划对美国国民经济的整体影响是微小的。在1950—1960年期间，少于千分之一的建设量是在城市更新地区发生的。即便是在大城市，其影响也是微弱的；在1950—1960年期间，城市更新地区的建设量不足大城市地区建设量的1.3%。

城市更新项目一般需要持续很长时间。更新项目在规划阶段的平均时长约为3年。从编制规划至新建筑的完工的总耗时平均需要12年左右。

已开工建筑的构成情况反映出更新计划的特征。截至1961年3月，已开工的8.24亿美元的建设量中，56%是私人住房，6%是公共住房，24%是公共设施，10%是商业建筑，4%是工业建筑。于1962年建设的取代了原有低收入住房的私人公寓的平均月租金是195美元。大约43%的新私人住房建筑由联邦政府通过联邦国家抵押联合会的名义提供贷款。联邦城市更新计划实际上恶化了低收入人群的住房短缺问题。在1950—1960年期间，有12.6万个住房单元被拆除，其中绝大多数是低租金住房单元。同时，本研究显示，建成的新住房单元不足拆除掉的住房单元的四分之一，并且绝大多数新建住房单元是高租金的。与之形成鲜明对比的是，在此期间，私人企业新建了过百万的标准住房单元。

民众普遍认为，联邦城市更新计划的大部分成本支出是由私人企业承担的。每1美元的公共投资能带动3—5美元的私人投资。本研究却显示，这一认知是过于乐观的。事实上，每1美元的公共投资只带动了约1美元的私人投资，而且，因为城市更新地区相当比例的建设活动是由城市其他地区转移而来，因此，更新计划的净带动作用可能只有0.5美元。

更新计划所产生的个人成本很难加以估算。在过去，成千上万的民众被迫搬离住所，而且，人数马上将会超过百万。有迹象表明，这些民众没有得到政府的有效扶持。他们的收入仍然维持在过去的水平，他们仍在遭受歧视，他们的社会特征仍然没多少改变。因此，在过去，联邦城市更新计划在实现其社会目标方面并没有取得重大突破。如果更新计划继续按照现有模式运作，在未来，更新计划也不可能实现其社会目标。总之，联邦城市更新计划在过去取得的成效甚微，在未来能否取得较大成效仍令人怀疑。而这又引出了一个严重的问题：联邦政府依据什么来判断现有的更新计划需要继续并加以扩张？

建议现在就停止联邦城市更新计划。停止批准任何新项目的上马；当前的所有项目应尽可能快地推进完成。总之，1949 年启动的联邦城市更新计划虽然拥有值得尊重的目标，但是很不幸，更新计划并没有也不可能达成那些目标。只有自由市场可以达成那些目标。

注释

[1] Meyerson, Martin, quoted in Raymond Vernon, *The Myth and Reality of Our Urban Problems*, published by Harvard University Press for The Joint Center for Urban Studies of the Massachusetts Institute of Technology and Harvard University, 1962, p. 83.

[2] Wallace, David, "Beggars on Horseback," Papers from Philadelphia Housing Association's 50th Anniversary Forum, 1961.

[3] Wilson, James Q., "Planning and Politics: Citizen Participation in Urban Renewal," *Journal of the American Institute of Planners*, Vol. 29 (November 1963), p. 243.

[4] Vernon, Raymond, *The Myth and Reality of Our Urban Problems*, *op. cit.*, pp. 59–62.

附录 A

采用三分之二标准的城市更新项目总成本、土地处置收益（熟地出让收益）、账目价值冲抵所占百分比

表 A.1

年份	累计项目总成本（千美元）	累计出让收益预期（千美元）	账目价值冲抵百分比（%）
1954	317290	89853	71.7
1955	397736	111004	71.3
1956	460633	134332	70.8
1957	833285	262469	68.5
1958	1290912	401448	68.9
1959	1743442	551906	68.3
1960	2206349	677463	69.3
1961	2915450	880321	69.8
1962	3257810	974847	70.1

资料来源：*Urban Renewal Project Characteristics*, Housing and Home Finance Agency, Urban Renewal Administration, Washington 25, D. C., 1954–1962.

城市更新的累计规划预付金（每千美元）

表 A.2

年份	合同授权额	合同拨付额		
		已支付额	已偿还额	未清偿额
1950	3066	889	—	889
1951	5824	3470	—	3470
1952	9377	6511	604	5907
1953	11120	8465	2092	6372

续表

年份	合同授权额	合同拨付额		
		已支付额	已偿还额	未清偿额
1954	14002	10027	3339	6687
1955	19984	12433	4502	7929
1956	29805	16353	6781	9570
1957	35829	21524	9522	11999
1958	45730	29459	15282	14173
1959	51105	37679	21462	16213
1960	66494	48638	31219	17415
1961	86296	62532	38961	23567
1962	111222	80152	47337	32811

资料来源：*16th Annual Report*, 1962, Housing and Home Finance Agency, Washington 25, D. C.,1962, Table VII-3, p. 295.

1950—1960 年间城市更新的累计暂时贷款额：直接联邦贷款和联邦担保贷款　　表 A. 3

年份	授权额（千美元）	已支付额（千美元）	偿还额（千美元）	偿还比例（%）	再借贷额（千美元）	未清偿额（千美元）
1950	—	—	—	—	—	—
1951	282	—	—	—	—	—
1952	33890	9714	140	1. 4	—	9574
1953	104068	41690	2345	5. 6	6512	32834
1954	132075	78339	4245	5. 4	20431	53665
1955	184907	130583	25014	19. 2	42159	63412
1956	236972	194951	40272	20. 7	53681	100999
1957	454815	300480	58117	19. 0	72111	170252
1958	804522	463856	87207	18. 8	95806	280843
1959	1164175	795318	122503	15. 4	219722	453094
1960	1543754	1199766	202986	16. 9	346784	649998
1961	1924434	1635995	297220	18. 2	440576	898201
1962	2293485	1997196	415136	20. 8	554293	1027768

资料来源：*16th Annual Report*, 1962, Housing and Home Finance Agency, Washington 25, D. C., Table VII-3, p. 295.

1950—1962 年间直接联邦贷款和联邦担保贷款的累计比例　　表 A. 4

年份	直接联邦贷款百分比（%）	联邦担保贷款百分比（%）
1950	—	—
1951	—	—
1952	100. 0	—
1953	73. 8	26. 2
1954	71. 0	29. 0
1955	56. 5	43. 5

续表

年份	直接联邦贷款百分比（%）	联邦担保贷款百分比（%）
1956	48.8	51.2
1957	42.1	57.9
1958	38.4	61.6
1959	34.5	65.5
1960	31.9	68.1
1961	29.6	70.4
1962	30.7	69.3

资料来源：*16th Annual Report*, 1962, Housing and Home Finance Agency, Washington 25, D. C., 1962, Table VII-3, p. 295.

1950—1962 年间城市更新的累计资金补助款　　表 A.5

年份	储备或定向拨款额度（千美元）	核定额度（千美元）	拨付额度（千美元）	拨付额度百分比（%）
1950	198774	—	—	—
1951	282725	402	—	—
1952	329229	54098	—	—
1953	348540	105206	8673	8.2
1954	377171	146598	21270	15.2
1955	553666	185163	58850	31.7
1956	826684	219595	75141	34.2
1957	1019294	387300	105759	27.4
1958	1324478	613940	155839	25.4
1959	1388648	867531	234733	27.1
1960	1866160	1134606	370281	32.8
1961	2467632	1399516	520147	37.3
1962	3014314	1686750	712106	42.2

资料来源：*16th Annual Report*, 1962, Housing and Home Finance Agency, Washington 25, D. C., Tables VII-2 and VII-3, p. 295.

1954—1962 年间采用三分之二标准的更新项目累计净成本投入（千美元）　　表 A.6

年份	项目净成本	联邦补助款	地方现金支付	地方配套设施费用	地方场地改善费用	地方土地协议出让额	地方拆迁费
1954	227437	147603	35282	30557	9158	4227	610
	(100%)	(64.9%)	(15.5%)	(13.4%)	(4.0%)	(1.9%)	(0.3%)
1955	283732	184530	47472	33958	10782	6330	660
	(100)	(65.0)	(16.8)	(12.0)	(3.8)	(2.2)	(0.2)

续表

年份	项目净成本	联邦补助款	地方现金支付	地方配套设施费用	地方场地改善费用	地方土地协议出让额	地方拆迁费
1956	326301	214064	53781	36262	13152	8208	834
	(100)	(65.6)	(16.5)	(11.1)	(4.0)	(2.5)	(0.3)
1957	570816	373908	85148	71679	24779	13511	1791
	(100)	(65.5)	(14.9)	(12.6)	(4.3)	(2.4)	(0.3)
1958	889464	569282	124654	122486	52751	17911	2380
	(100)	(64.0)	(14.0)	(13.8)	(5.9)	(2.0)	(0.3)
1959	1191536	766033	176881	153223	74081	18272	3046
	(100)	(64.3)	(14.8)	(12.9)	(6.2)	(1.5)	(0.3)
1960	1528886	993772	208438	201706	97989	21334	3841
	(100)	(65.0)	(13.7)	(13.2)	(6.4)	(1.4)	(0.3)
1961	2035129	1318283	273351	269695	129733	26138	5921
	(100)	(65.1)	(13.6)	(13.3)	(6.4)	(1.3)	(0.3)
1962	2282963	1481043	294111	294754	146480	28467	5731
	(100)	(65.0)	(12.9)	(12.9)	(6.4)	(1.2)	(0.3)

资料来源：*Urban Renewal Project Characteristics*, Housing and Home Finance Agency, Urban Renewal Administration, Washington 25, D. C., 1954–1962.

1950—1962 年间城市更新的累计项目数（包括街区总体更新计划项目）　　表 A.7

年份	总项目数	规划阶段项目数	实施阶段项目数	已完成项目数
1950	124	116	8	—
1951	201	192	9	—
1952	259	232	27	—
1953	260	199	61	—
1954	278	191	87	—
1955	340	230	110	—
1956	432	299	132	1
1957	494	301	189	4
1958	645	354	281	10
1959	689	298	365	26
1960	838	353	444	41
1961	1012	429	518	65
1962	1210	536	588	86

资料来源：*16th Annual Report*, 1962, Housing and Home Finance Agency, Washington 25, D. C., Table VII-2, p. 295.

城市更新累计补助款：截至1961年3月31日 **表A.8**

州	按“储备金”排序	“储备金”补助款总额	拨付的补助款总额	百分比
纽约	1	289195515	84260374	29.1%
宾夕法尼亚	2	257854901	47708308	18.5
新泽西	3	127971307	18496518	14.5
伊利诺伊	4	121296473	40564007	33.4
马萨诸塞	5	106297044	15891792	15.1
加利福尼亚	6	105206479	16000843	15.2
康涅狄格	7	103655800	19165589	18.5
俄亥俄	8	103543796	17749348	17.1
密苏里	9	83124222	14390845	17.3
密歇根	10	72826655	15310294	21.0
田纳西	11	67802383	18697839	27.5
哥伦比亚特区	12	66226175	17077167	25.7
马里兰	13	51110810	9400407	18.4
弗吉尼亚	14	45415042	18276524	40.2
佐治亚	15	34651643	5731100	16.5
明尼苏达	16	29831716	10164986	34.0
亚拉巴马	17	29287589	6171109	21.1
波多黎各	18	28216621	6501747	23.0
印第安纳	19	25103726	1518430	6.0
夏威夷	20	22626414	1705511	7.5
得克萨斯	21	21700733	—	—
肯塔基	22	20409167	2029179	9.9
罗得岛	23	18048720	4792144	26.6
堪萨斯	24	16397453	1390159	8.5
北卡罗来纳	25	14932931	—	—
阿肯色	26	14245491	2076250	14.6
威斯康星	27	14063030	2365751	16.8
华盛顿	28	13520730	326890	2.4
艾奥瓦	29	9064986	—	—
佛罗里达	30	7117828	—	—
缅因	31	5559551	613698	11.0
科罗拉多	32	5206273	9549	0.2
俄勒冈	33	4965455	2096561	42.2

续表

州	按“储备金”排序	“储备金”补助款总额	拨付的补助款总额	百分比
阿拉斯加	34	4244337	737018	17.4
特拉华	35	3906818	1144834	29.3
西弗吉尼亚	36	3541353	—	—
新罕布什尔	37	3172699	1244141	39.2
亚利桑那	38	2441000	—	—
内华达	39	1719699	399141	23.2
北达科他	40	1434670	806653	56.2
佛蒙特	41	1409838	—	—
南卡罗来纳	42	1193294	160445	13.4
维尔京群岛	43	758000	—	—
俄克拉何马	44	587508	—	—
新墨西哥	45	358057	—	—
路易斯安那	46	1939	1939	100.0

“储备金”补助款：指城市更新管理局根据地方现有的更新计划，估算地方更新机构大致需要获得的补助款总额。

资料来源：*Urban Renewal Project Directory*, Urban Renewal Administration, Washington 25, D. C., March 31, 1961.

1950—1962 年间城市更新的估算累计总支出（千美元） **表 A. 9**

年份	预付金	暂时贷款	补助款的 50%	估算的总支出
1950	889	—	—	889
1951	3470	—	—	3470
1952	6511	9714	—	16225
1953	8465	41690	4337	54492
1954	10027	78339	10635	99001
1955	12433	130583	29425	172451
1956	16353	194951	37571	248875
1957	21524	300480	52880	374794
1958	29459	463856	77920	571235
1959	37679	795318	117367	950371
1960	48638	1199767	185141	1433546
1961	62532	1635995	260074	1958601
1962	80152	1997196	356053	2433401

资料来源：*16th Annual Report*, 1962, Housing and Home Finance Agency, Washington 25, D. C., Table VII-2, p. 295.

1951—1961 年间年度启动规划编制的项目数 **表 A. 10**

规划启动年份	(1) 总项目数	(2) 未编制规划项目数	(3) 有编制规划 项目数	(4) 已完成规划 项目数	(5) 第（4）项/第（3）项 的百分比
1950	79	6	73	73	100. 0
1951	34	—	34	34	100. 0
1952	36	—	36	36	100. 0
1953	31	1	30	30	100. 0
1954	34	—	34	33	97. 1
1955	57	3	54	52	96. 3
1956	120	15	105	95	90. 5
1957	68	6	62	45	72. 6
1958	117	5	112	77	68. 8
1959	91	3	88	6	6. 8
1960	226	17	209	10	4. 8
1961 *	69	9	60	—	—
	—	—	—	—	—
合计	962	65	897	491	54. 7

* 第一季度

资料来源：*Urban Renewal Project Directory*, Urban Renewal Administration, Washington 25, D. C., March 31, 1961.

已开工更新项目累计总成本明细表：从更新计划启动开始

至 1961 年 3 月 31 日（百万美元） **表 A. 11**

类别		额度		百分比
总建设量		824		100. 0
私人住房量		462		56. 1
商务量		115		13. 9
商业	80		9. 7%	
工业	35		4. 2	
公共设施		247		30. 0
公共住房	50		6. 1	
公共和半公共建筑	174		21. 1	
街道、小巷、公共通道	23		2. 8	

资料来源：*Physical Progress Quarterly Reports* (unpublished), Urban Renewal Administration, Form H-6000, Washington 25, D. C., March 31, 1961; 191 projects reporting.

上报更新项目的估算总成本明细表：截至 1961 年 3 月 31 日　　表 A. 12

类别		额度（百万美元）		百分比（%）
总建设量		3964		100. 0
私人住房		1511		38. 1
商务		1601		40. 4
商业	1078		27. 2%	
工业	523		13. 2	
公共设施		852		21. 5
公共住房	75		1. 9	
公共和半公共建筑	677		17. 1	
街道、小巷、公共通道	100		2. 5	

资料来源：*Physical Progress Quarterly Reports* (unpublished), Urban Renewal Administration, Form H-6000, Washington 25, D. C., March 31, 1961; 369 projects reporting.

拟建的各建筑项目总成本明细表：截至 1961 年 3 月 31 日　　表 A. 13

类别	估算值（百万美元）	估算百分比（%）
已规划但未实施的项目总额度	3140	100. 0
私有住房	1049	33. 4
公共工程	580	18. 5
商业	998	31. 8
公共住房	25	0. 8
工业	488	15. 5

资料来源：*Physical Progress Quarterly Reports* (unpublished), Urban Renewal Administration, Form H-6000, Washington 25, D. C., March 31, 1961.

1956—1962 年间根据第 220 条款开展的城市更新抵押契据交易活动（千美元）　　表 A. 14

机构	购买额	（出售额）	净（出售额）或购买额
国有银行	13323	(163007)	(149684)
储蓄银行	9426	(16720)	(7294)
抵押贷款公司	3441	(52575)	(49134)
储蓄和贷款协会	—	(3200)	(3200)
国家银行	5367	(24389)	(19022)
保险公司	26484	(13)	26471
其他	15539	(551)	14988
联邦国家抵押联合会	199013	(12177)	186836

资料来源：*16th Annual Report*, 1962, Housing and Home Finance Agency, Washington 25, D. C., Tables III-18, III-19.

1961 年华盛顿公园地区的年家庭总收入、房租、房租 - 收入的比率　　表 A. 15

	百分比（%）
A. 年家庭总收入（美元）	
1500 以下	11
1500 - 2999	31
3000 - 4499	33
4500 - 5999	18
6000 - 7499	4
7500 以上	3
合计	100
B. 月房租（包括供暖和水电设施）（美元）	
50 以下	6
50 - 59	9
60 - 69	21
70 - 79	23
80 - 89	19
90 - 99	11
100 - 109	8
110 以上	3
合计	100
C. 房租 - 收入的比率	
0. 15 以下	4
0. 15 - 0. 19	9
0. 20 - 0. 24	19
0. 25 - 0. 29	19
0. 30 - 0. 39	21
0. 40 - 0. 49	14
0. 50 以上	14
合计	100

资料来源："The Washington Park Urban Renewal Area," an analysis of the economic feasibility of rehabilitation prepared by Chester Rapkin for the Boston Redevelopment Authority. Table based on a field survey by the Boston Redevelopment Authority.

1960 年华盛顿公园地区的住房单元总量以及有色族裔的占有量：按住房条件和管道设施分类 **表 A. 16**

住房条件	华盛顿公园				波士顿
	总量	百分比	有色族裔占有量	占有率	百分比
标准	2022	52	1344	57	79
所有管道设施	1926	49	1282	54	72
缺少部分或全部设施	96	3	62	3	7
恶化	1491	38	863	36	17
所有管道设施	1364	35	807	34	12
缺少部分或全部设施	127	3	56	2	5
破旧	402	10	172	7	4
所有住房单元	3916	100	2379	100	100
非标准住房单元（破旧或缺少部分或所有管道设施）	625	16	290	12	16

资料来源：“The Washington Park Urban Renewal Area,” report prepared by Chester Rapkin for the Boston Redevelopment Authority. Data compiled from U.S. Bureau of the Census, Census Tract Statistics, Advance Table PH-1, 1960.

1945—1960 年间全美的新建设额 *（十亿美元） **表 A. 17**

年份	总建设额	私人建设额	公共建设额	维修费用
1945	11.7	3.2	2.4	6.1
1946	20.0	9.6	2.4	8.0
1947	27.0	13.3	3.4	10.3
1948	33.4	16.9	4.8	11.8
1949	34.7	16.4	6.4	11.9
1950	40.5	21.5	7.0	12.0
1951	44.5	21.8	9.4	13.3
1952	47.1	22.1	10.9	14.1
1953	49.6	23.9	11.4	14.3
1954	52.4	25.9	11.9	14.6
1955	58.9	30.6	12.4	15.9
1956	62.8	33.1	12.7	17.0
1957	65.8	33.8	14.1	17.9
1958	66.7	33.5	15.5	17.7
1959	73.4	38.0	16.1	19.3
1960	75.6 †	39.6	16.0	20.0 †
合计	637.3	323.8	137.4	176.1

* 新建设额指代施工期的工程价值，而建筑许可证和工程合同中的数额代表的是开工的建筑价值。工程价值通常要大于建筑价值。工程价值中包括了设备费用和安装费用，但并不包括机械费用、建造的人工成本或土地成本不同。建筑许可证和工程合同的数额是开工的建筑价值。

†估算值

资料来源：*Statistical Abstract of the United States*, 82nd ed., 1961, p. 747, Table 1040; 78th Ed., 1957, p. 752, Table 971.

1950—1960 年间人口十万以上城市的新建设额＊（百万美元） **表 A. 18**

年份	新建设额
1950	4660
1951	3830
1952	3720
1953	4190
1954	4420
1955	4710
1956	4770
1957	5000
1958	5570
1959	5740
1960	6000 †
	——
合计	52610 美元

＊新建设额中不包括土地成本；

†估算值

资料来源：*Statistical Abstract of the United States,* 1961 and other issues.

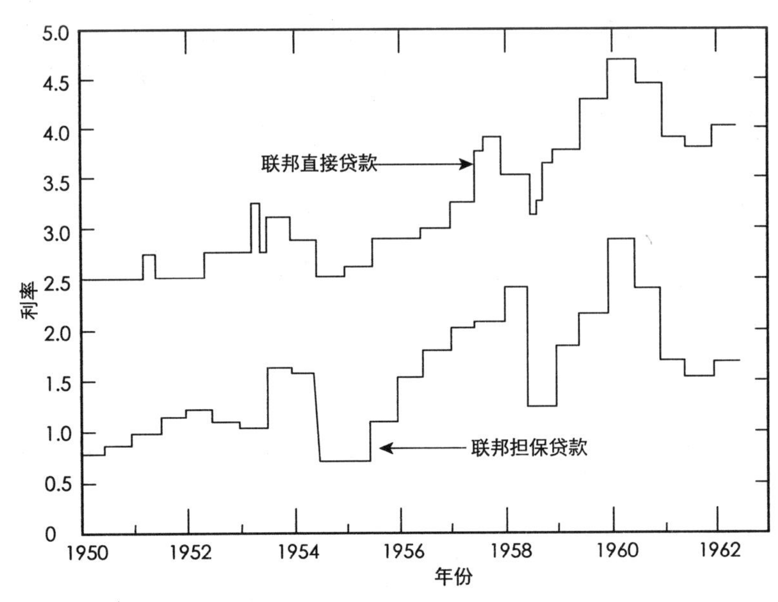

图 A. 1 城市更新暂时贷款的利率

资料来源：Interview, Max Lipowitz, Director of Finance, Urban Renewal Administration, Washington 25, D. C., April 20, 1962.

附录 B

研究注释一：三分之二标准 VS 四分之三标准

近乎所有的城市更新项目都选用了三分之二标准。一旦地方更新机构选择三分之二标准时，那么，规划、管理、地方的运营开支都包计算在项目总成本中，且联邦政府需负责承担项目净成本的三分之二。如果采用四分之三标准，规划、管理、地方的运营开支没有计算在项目总成本中，但联邦政府需负责承担项目净成本的四分之三。为了确定两个标准间的临界点，我们进行了下述分析。

假设：

P = 规划、管理、地方的运营开支

E = 所有其他开支

在三分之二标准中，地方的支出 L_1 为：

$$L_1 = 1/3P + 1/3E \quad (1)$$

在四分之三标准中，地方的支出 L_2 为：

$$L_2 = P + 1/4E \quad (2)$$

如果地方更新机构可以准确估算出 P 和 E，并进而采取理性行为，更新机构就会选择地方成本最低的标准。因此，当 $L_2 > L_1$ 时，选择三分之二标准。

如果 $L_2 > L_1$，那么

$$(P + 1/4E) > (1/3P + 1/3E) \quad (3)$$

移项得：

$$2/3P > 1/12E \quad (4)$$

两边同乘以 3/2，得

$$P > 1/8E \quad (5)$$

如果L_2大于L_1，那么P大于$1/8E$。即，如果P大于$1/8E$，那么，地方更新机构应选择三分之二标准。如果$P=E/8$，两个标准所得结果相同。如果P小于$1/8E$，那么，应选择四分之三标准。

地方更新机构的实践经验却显示，更新机构并不完全按照这一原则作决策。在463个采用了三分之二标准的更新项目中，P的平均值约等于项目总成本的6.93%；E的平均值是项目总成本的93.07%。即E是P的13.4倍。如果按照上述原则，只要E是P的8倍以上，地方更新机构为节省成本支出，应选择四分之三标准。即如果某些地方更新机构选用四分之三标准，地方政府的成本支出将比实际更少。也许，在新启动的项目中，地方更新机构可采用依照这一原则来减少开支。

研究注释二

下述程序是用来估算1956年后开工的城市更新项目的平均规划时长的。因为在1956年后开展的城市更新项目中，有10%的更新项目在1960年仍未完工。所以，在计算平均规划时长时，需要将这10%的项目也计算入内。但是，这样就将导致平均规划时长变长。为了估算这些未完工的更新项目在多大程度上增长了平均规划时长，需在1950—1955年的数据中，将这仍未完工的10%更新项目按照年份添加至已完工的90%更新项目中。相关的数据汇总表见表B.1。然后，将加总后的平均规划时长进行6年期（1950—1955年）的算术平均，计算得出6年期的平均规划时长增加了9.7%。

在计算时，假定了城市更新模式在未来不会出现变动，即1956年开工的但仍未完工的这10%的更新项目完工所需的平均规划时长将同比增加了9.7%。相同的估算程序同样运用在1957年和1958年开工的更新项目中。

依此得出，一旦1957年后开工的更新项目完工，1957年更新项目完工所需的平均规划时长将同比增加了31.3%；类似的，1958年更新项目完工所需的平均规划时长将同比增加了41.5%。实际的和估算的平均规划时长详见表B.1。

启动规划编制的项目估算平均规划时长：1956、1957、1958 **表B.1**

规划启动年份	(A)平均规划时长	(B)最快完成的90%项目的平均规划时长	(A－B)/B	(C)最快完成的73%项目的平均规划时长	(A－C)/C	(D)最快完成的69%项目的平均规划时长	(A－D)/D
1950	4.55	4.14	0.099	3.46	0.316	3.30	0.379
1951	4.81	4.53	0.061	3.98	0.207	3.75	0.282
1952	3.46	3.14	0.101	2.43	0.421	2.23	0.549
1953	2.99	2.64	0.132	2.08	0.442	1.95	0.534
1954	3.21	2.89	0.110	2.46	0.305	2.22	0.447
1955	2.85	2.64	0.079	2.38	0.196	2.34	0.217
6年平均(1950—1955)	—	—	0.097	—	0.315	—	0.401

续表

规划启动年份	(A)平均规划时长	(B)最快完成的90%项目的平均规划时长	(A-B)/B	(C)最快完成的73%项目的平均规划时长	(A-C)/C	(D)最快完成的69%项目的平均规划时长	(A-D)/D
1956	3.13*	2.85	—	—	—	—	—
1957	3.25*	—	—	2.47	—	—	—
1958	2.90*	—	—	—	—	1.73	—

*估算值

资料来源: ***Urban Renewal Project Directory***, Urban Renewal Administration, Washington 25, D. C., March 31, 1961.

研究注释三

根据学习曲线原则，有理由相信，随着更新计划的不断成熟，更新项目的实施时长会逐渐下降，但通过检查图B.1中的数据，给人的感觉却是，实施时长上升的可能性比较大。为纠正地方更新机构过于乐观的估算，我们采用了下述技术。在本图表中，A线代表着上报的平均实施时长（估计值）。C线代表着如果实施时长没有缩短时的趋势变化图；B线是A线和C线实施时长的算术平均值。D线是A线、B线、C线进行比较的基础线。因为A线和C线是实施时长的两个极端点，因此，较准确的估值应该位于A线和C线的中间某处。在本研究中，假定较合理的估算值恰好是A线和C线的平均值。即B线代表了实施时长下降情况下的估值趋势。

依据B线，对各更新项目剩余实施时长进行相应修正。结合各更新项目的估算修正值，平均实施时长上升为8.5年。

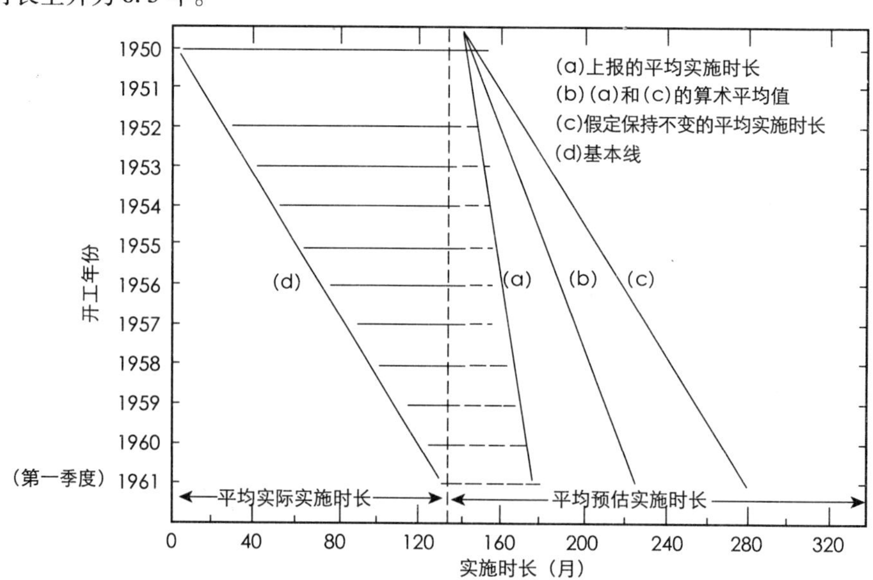

图B.1 实际实施时长和估算实施时长的关系、及修正后的估算实施时长

资料来源: *Physical Progress Quarterly Reports* (unpublished), Housing and Home Finance Agency, Urban Renewal Administration, Washington 25, D. C.; 423 projects reporting.

研究注释四：房地产投资的数学模型—— 一般性案例

在下述的数学模型中，首先，假定私人再开发商的产权投资在同一时间段只能发生一次且只要是投标项目都中标了。其次，放宽限制条件，检测可能的收益效果。再次，对模型的各参数的区间范围进行估算。最后，将相关估算代入数学模型，计算私人开发商在最差的条件下、最有利的条件下以及最可能的条件下的可能利润率。

在本模型中，采用了下列符号表达法：

t = 某一时期，如某年

r = 居住率

G = 项目总成本

I_{rt} = t 时期居住率为 r 时的出租收入

E_t = t 时期的运行费用以及房地产税费

i = 每期的利息率及保险费

C_t = t 时期的分清偿付率

n = C_t 的定期增长率

P_t = 在 t 时期之末未偿清的本金额度

F_t = t 时期内的净现金流

P_M = 毛租金收入占初始抵押金的百分比

P_E = 运行费用及房地产税费占有效毛租金收入的百分比（根据联邦住房管理局的定义，有效毛租金收入等于居住率为93%时的总租金收入）

e = 自然对数

K = 常数

V_t = 在 t 时期之初项目的折旧价值

D_t = t 时期内的折旧

开发商的净年度现金流等于毛租金收入减去运行成本、税费、利息额及本金。税前的净年度现金流可以象征性的表示为：

$$I_t^r - E_t - iP_{t-1} - C_tP_0 \tag{1}$$

根据我们之前的定义可得：

$$I_t^r = rP_MP_0 \tag{2}$$

$$E_t = I_t^{0.93}P_E = (0.93)\ P_MP_0P_E \tag{3}$$

$$C_t = C_0e^{nt} \tag{4}$$

其中，C_0 是原分期偿还率。将公式（2）、（3）、（4）的值代入公式（1），得到：

$$F_t = rP_MP_0 - (0.93)\ P_MP_0P_e - iP_{t-1} - C_0e^{nt}P_0 \tag{5}$$

或

净现金流 = 毛租金收入 − 运行费用和房地产税费用 − 抵押贷款费用

随着未偿付资金的下降，每年支付的利息也随之发生下降，且分期偿还资金的每年递增率为 n。为进行简化分析，假定每年利息额和分期偿还资金的总和保持不变。因此，

$$iP_{t-1} + C_tP_0 = iP_0 (i + C_0) = K \text{（常数）} \quad (6)$$

将常数 K 代入公式（5），得到：

$$F_t = P_0 [rP_M - (0.93) P_MP_E - i - C_0] \quad (7)$$

区间估算

通过将参数值代入模型，就可将上述的抽象公式进行量化。因为各参数都存在一定范围的变化区间，所以只能估算各参数的大致区间。利息率 i 由市场条件决定，分期偿还率 C_0 是由联邦住房管理局决定的。居住率 r 视项目而定，这一情况在项目最初的几年尤其明显。下述的估算是长期性的，且没有将初始租赁期居住率非常低的情况考虑在内。抵押贷款与毛租金收入的关系以及毛租金收入与运行费用之间的关系，用 P_M 和 P_E 表示。[1] 关于这一模型的各参数及其变化区间，详见表 B.2。

各参数的估算值 **表 B.2**

参数	估算比例区间	估算比例
r	93% -100%	96.50%
l	5.5% -6.0%	5.75%
C_0	1.0% -1.5%	1.25%
P_M	13% -15%	14.00%
P_E	40% -44%	42.00%

将各参数的平均估算值代入公式（7），计算得出较合理的税前现金流，即 $0.0104P_M$. 因为初始的贷款额度一般是项目总成本 G 的 90%，所以，较合理的税前现金流也可表示为 $0.0094G$。在绝大多数情况下，税前的净年现金流大约是项目总成本的 1%。

下一步，计算净年现金流的较合理区间。在最不利的条件下，即参数 i、C_0、P_M 和 P_E 是最高值，而 r 是最低值时，净年现金流会出现负值。在这一条件下，净年损失大致是 $0.0043G$。另一方面，当 r 是最高值，其他参数是最低值时，净年现金流可高至 $0.0243G$。

因此，以一个 100 万美元的项目为例，较合理的税前现金流大致是 9400 美元。现金流可在 24300 美元和年损失 4300 美元之间变动。

折旧的影响

对私人开发商而言，折旧是其重点考虑因素，因为折旧会影响开发商的税后净收入。

在下述的分析中，假定就建筑本身的建设成本占了项目总成本的 75% 且建筑的使用寿命是 40 年。建筑内的设备成本占了项目总成本的 25% 且设备的寿命是 25 年。采用双倍余额递减

法得出，建筑的年折旧率是5%，设备的年折旧率是8%。现在，令 V_t 等于 t 时期初始阶段的建筑和设备的账目价值，D_t 等于 t 时期内可用作税收目的的折旧费用，则两者之间的关系是：

$$D_t = (0.05)(0.75)V_t + (0.08)(0.25)V_t = 0.0575V_t \tag{8}$$

净应纳税收入

净应纳税收入 = 净现金流 F_t + 置换储备金 R_t + 分期付款额度 C_t − 折旧费 D_t。在下面的分析中，假定：

$$R_t = 0.002P_0$$

令 NI_t 等于净应纳税收入，并计算折旧情况，得到：

$$NI_t = F_t + P_t + C_t - D_t \tag{9}$$

代入相关子公式得，

$$NI_t = P_0(C_0e^{nt} - C_0 + rP_M - 0.93P_EP_M - i - 0.002) - 0.0575V_t \tag{10}$$

将各参数的平均估算值代入公式（10），得到：

$$NI_t = (0.0125e^{0.02t} + 0.008)P_0 - (0.0575)V_t \tag{11}$$

利用公式（11）可估算出再开发商的应纳税收入额度。如果公式（11）中的（0.0575）V_t 大于（$0.0125e^{0.02t}+0.008$）P_0，那么 NI_t 将是负值，表明从该项目产生的所有收入都无须纳税。如果 NI_t 是负值，那么可将 NI_t 视为过剩折扣，从而可抵消部分其他来源的应纳税收入。

在项目的最初几年内，（0.0575）V_t 的数额是非常大，从而完全有可能出现 NI_t 是负值的情况。举例而言，在项目的第一年：

$$NI_t = (0.0208)P_0 - (0.0575)P_0 = -(0.0367)P_0 \tag{12}$$

即过量的折扣额度可高达 $0.0367P_0$，这基本上是税前应纳税收入的1.75倍。这种情况是指该项目的所有资金流都是免税的。

对其他资源应纳税收入的影响

对其他资源应纳税收入的净影响主要取决于投资者的边际税率栏。另边际税率为 a，净效果将是：

a（过量折扣）

令 β_t 等于过量折旧与净现金流 F_t 的比值。则再开发商的累计获益是：

$$F_t + a\beta_tF_t \text{ 或 } F_t(a\beta_t + 1) \tag{13}$$

换句话说，再开发商的净收益很大部分来自于折旧带来的税收优惠。当然，β_t 值每年都在减小，因此，再开发商的年净收益一直在减小。可见，再开发商的大部分累计获益来自于项目最初的几年。

回报率

因为涉及的股票量相对较小，税前模型中各类成本和收入的任何细微变化，都可能导致的回报率的剧烈变动。因此，回报率的可能区间范围非常大。为了估算得到较准确的回报率，将净年现金流除以再开发商的投资额，由此所得的矩阵就是各种可能的回报率，详见表 B. 3。对该矩阵进行分析可知，再开发商的税后回报率大致在 20%—25% 之间。

再开发商的税后回报率 **表 B. 3**

	再开发商的税后回报率			
	3%	4%	5%	6%
最不利条件	损失	损失	损失	损失
可能的条件	33. 5%	26%	20. 8%	17. 3%
最有利条件	86. 1%	66. 7%	53. 4%	44. 5%

注释

1 The parameters P_M and P_E were estimated by averaging values taken from two actual projects and three case examples of projects. These values are shown below:

Estimates of Project Model Parameters

Parameter	*Value of Parameters*					
	*Project No. 1**	*Project No. 2**	*Example No. 1†*	*Example No. 2†*	*Example No. 3†*	*Average*
P_M	14.62%	13.47%	14.35%	14.02%	14.31%	14.35%
P_E	40.06%	42.53%	43.40%	42.56%	37.61%	41.23%

* Project No. 1: Park West, Section 4, Southeast Corner of Columbus and West 100th Street, New York City; Project No. 2: Charles River Park, West End, Boston, Massachusetts.

† Case Example No. 1: Marvin S. Gilman, "Entrepreneurial Considerations in Residential Redevelopment," Guest lecture delivered at a graduate seminar in "Economics of Real Estate," conducted by Professor Charles Abrams, Department of City Planning, M.I.T., October 20, 1961; Case Example No. 2: Mr. Seymour Baskin, "Tax Considerations of Private Developers in Urban Renewal," *A Report of the Proceedings of the 6th Annual NAHRO Conference on Urban Renewal*, April 16–18, 1961; Case Example No. 3: "Housing Developers Vie for Jobs of Clearing Slums," *Business Week*, February 22, 1958, p. 80.

参考文献

Books

Colean, Miles, *Renewing Our Cities*, New York, The Twentieth Century Fund, 1953.

Dyckman, John W., and Reginald R. Isaacs, *Capital Requirements for Urban Development and Renewal*, New York, McGraw-Hill Book Co., Inc., 1961.

Editors of Fortune Magazine, *The Exploding Metropolis*, Garden City, Doubleday and Co., Inc., 1958.

Futterman, Robert A., *The Future of Our Cities*, New York, Doubleday and Co., Inc., 1961.

Grebler, Leo, *Experience in Urban Real Estate Investment*, New York, Columbia University Press, 1955.

Grebler, Leo, David Blank, and Louis Winnick, *Capital Formation in Residential Real Estate: Trends and Prospects*, National Bureau of Economic Research, Princeton, Princeton University Press, 1956.

Hemdahl, Ruel, *Urban Renewal*, New York, Scarecrow Press, Inc., 1959.

Hoover, Edgar M., Jr., and Raymond Vernon, *Anatomy of a Metropolis*, Cambridge, Mass., Harvard University Press, 1959.

Jacobs, Jane, *The Death and Life of Great American Cities*, New York, Random House, Inc., 1961.

Johnson, T. F., J. R. Morris, and J. G. Butts, *Renewing America's Cities*, Washington, D. C., The Institute for Social Science Research, 1962.

Morton, J. E., *Urban Mortgage Lending: Comparative Markets and Experience*, National Bureau of Economic Research, Princeton, Princeton University Press, 1956.

Rockefeller Brothers Fund, *Prospect for America*, Garden City, Doubleday and Co., Inc., 1961.

Rossi, Peter H., and Robert A. Dentler, *The Politics of Urban Renewal: The Chicago Findings*, New York, The Free Press of Glencoe, Inc., 1961.

Saulnier, R. J., *Urban Mortgage Lending by Life Insurance Companies*, National Bureau of Economic Research, Princeton, Princeton University Press, 1950.
Winnick, Louis, *Rental Housing: Opportunities for Private Investment*, New York, McGraw-Hill Book Co., Inc., 1958.
Woodbury, Coleman, ed., *The Future of Cities and Urban Redevelopment*, Chicago, University of Chicago Press, 1953.
Woodbury, Coleman, *Urban Redevelopment: Problems and Practices*, Chicago, University of Chicago Press, 1953.

Public Documents

Federal Housing Administration, *Annual Report*, Washington 25, D. C., 1960.
FHA, *Project Mortgage Insurance, FHA Regulations*, Washington 25, D. C., October 20, 1961.
Housing and Home Finance Agency, *Annual Report*, Washington 25, D. C., 1949–1962.
HHFA, Division of Economic and Program Studies, *Capital Funds for Housing in the United States*, Washington 25, D. C., July 1960.
HHFA, *Housing Statistics, Historical Supplement*, Washington 25, D. C., October 1961.
HHFA, Urban Renewal Administration, *Urban Renewal Manual: Policies and Requirements for Local Public Agencies*, Washington 25, D. C., 1962.
HHFA, Urban Renewal Administration, *Urban Renewal Policies and Programs in the U.S.A.*, Washington 25, D. C., November 1962.
HHFA, Urban Renewal Administration, *Urban Renewal Project Characteristics*, Washington 25, D. C., December 31, 1962, and other back issues.
HHFA, Urban Renewal Administration, *Urban Renewal Project Directory*, Washington 25, D. C., December 31, 1962, and other back issues.
Urban Renewal Administration, *Directory of Local Public Agencies*, Washington 25, D. C., July 1, 1961.
Urban Renewal Administration, *Physical Progress Quarterly Reports* (unpublished), Washington 25, D. C., March 31, 1961.
United Nations General Assembly, *Report of the Economic and Social Council*, 1961.
United States Department of Commerce, *Statistical Abstract of the United States*, Washington 25, D. C., 1961.
United States Senate, Committee on Banking and Currency, Subcommittee on Housing, *Housing Legislation of 1961*, Washington 25, D. C., April 4–7, 10–14, 20, 1961.
United States Senate, Committee on Banking and Currency, Subcommittee on Housing, *Study of Mortgage Credit*, Washington 25, D. C., March 28, 1961.

Articles and Periodicals

ACTION, Inc., "The Newark Conference on the ACTION Program for the American City," May 4, 5, and 6, 1959.
ACTION, Inc., "Organizations in Renewal," 1960.

ACTION, Inc., "Urban Renewal Research Program," 1954.

American Institute of Planners, "Urban Renewal: A Policy Statement of the American Institute of Planners," *Journal of the American Institute of Planners*, Vol. 25 (November 1959), pp. 217–221.

Baltimore Redevelopment Commission, "Redevelopment Project No. 1-A," May 1950.

Bankers Trust Company, "The Investment Outlook," New York City, February 21, 1962.

Boek, Dr. Walter E., "Anthropology: Can it Contribute to Renewal?" *Journal of Housing*, Vol. 18 (November 1961), pp. 459–464.

Carlson, David B., "Urban Renewal: Running Hard, Sitting Still," *Architectural Forum*, April 1962, pp. 99–101.

Committee for Economic Development, *Guiding Metropolitan Growth*, New York, August 1960.

Duke University, School of Law, "Urban Renewal, Part I," *Law and Contemporary Problems*, Vol. 25 (Autumn 1960), pp. 631–812.

Duke University, School of Law, "Urban Renewal, Part II," *Law and Contemporary Problems*, Vol. 26 (Winter 1961), pp. 1–177.

Dyckman, John W., "National Planning in Urban Renewal: The Paper Moon in the Cardboard Sky," *Journal of the American Institute of Planners*, Vol. 26 (February 1960), pp. 49–59.

Eckstein, Otto, "Trends in Public Expenditures in the Next Decade," A Supplementary Paper of the Committee for Economic Development, April 1959.

Ewald, William R., Jr., "Urban Renewal: A Prime Source for Plant Sites," *Industrial Development and Manufacturers Record*, Vol. 130 (February 1961), pp. 81–85.

Fried, Marc, and Peggy Gleicher, "Some Sources of Residential Satisfaction in an Urban Slum," *Journal of the American Institute of Planners*, Vol. 27 (November 1961), pp. 305–315.

Gilmore, David, "Developing the Little Economies," *Supplementary Paper No. 10*, Committee for Economic Development, New York, 1960.

"Good Business in Urban Renewal," *Business Week*, April 15, 1961, pp. 153–156.

"Housing Developers Vie for Jobs of Clearing Urban Slums," *Business Week*, February 22, 1958, p. 80.

Howes, Rev. Robert G., "Crisis Downtown: A Church Eye-View of Urban Renewal," National Conference of Catholic Charities, Washington, D. C., December 1959.

"Money to be Made in Real Estate," *Business Week*, June 24, 1961, p. 121.

National Association of Real Estate Boards, "A Primer on Rehabilitation under Local Law Enforcement," 1953.

Perloff, Harvey S., "A National Program of Research in Housing and Urban Development," A *Resources for the Future* Staff Study, September 1961.

Pfretzschner, Paul A., "Urban Redevelopment: A New Approach to Urban Reconstruction," *Social Science, An International Quarterly of Political and Social Science*, Winter 1953, p. 430.

Phelps, Charlotte De Monte, "The Impact of Tightening Credit on Municipal Capital Expenditures in the United States," *Yale Economic Essays*, Vol. 1 (Fall 1961), pp. 275–322.

Reynolds, Harry W., Jr., "What Do We Know About Our Experiences With Relocation?" *The Journal of Intergroup Relations*, Vol. 2 (Autumn 1961), pp. 342–354.

Rockefeller, David, "The Responsibility of the Businessman in Urban Renewal," An address at a dinner meeting of the Forum on Urban Renewal, Hartford, Connecticut, October 19, 1960.

Rockefeller, David, "Urbanization: Strong Cities and Free Societies," *The General Electric Forum*, Vol. 5 (January–March 1962), pp. 27–29.

Schechter, Henry B., "Cost-Push of Urban Growth," *Land Economics*, Vol. 37 (February 1961), pp. 18–31.

Schussheim, Morton J., "Determining Priorities in Urban Renewal," *Papers and Proceedings of the Regional Science Association*, 1960.

Steiner, Richard L., "Urban Renewal Looks to Private Enterprise," *The Constructor*, July 1959.

"Urban Renewal," Report of the International Seminar on Urban Renewal, The Hague, 1958.

"Urban Renewal Symposium," *Federal Bar Journal*, Vol. 21 (Summer 1961), pp. 269–371.

Vernon, Raymond, "The Changing Economic Function of the Central City," Committee for Economic Development, 1959.

Weaver, Robert C., "Class, Race and Urban Renewal," *Land Economics*, Vol. 36 (August 1960), pp. 235–251.

Weinstein, Lewis H., "Judicial Review in Urban Renewal," *Federal Bar Journal*, Vol. 21 (Summer 1961), pp. 318–334.

Wood, Robert C., "Metropolis Against Itself," Committee for Economic Development, 1959.

Wurster, Catherine Bauer, "Framework for an Urban Society," in *Goals for Americans*, The report of the President's Commission on National Goals, Englewood Cliffs, N. J., Prentice-Hall, Inc., 1960.

作者致谢

I would like to acknowledge the warm encouragement and helpful criticism from Professor Eli Shapiro throughout the early stages of this study, and from Professor Chester Rapkin in the later stages. Throughout the entire study I also received many helpful insights and suggestions from Miss Annelise Graebner.

A special note of thanks should go to Dr. Louis Winnick who, more than he knows, encouraged and stimulated me to complete the study with his advice, encouragement, and comments.

A partial list of those who spent many hours discussing the ideas developed in this book are: Gerald Brady, Courtney Brown, Peter Buswell, Albert Cole, Martha Derthick, Bernard Frieden, Daniel Holland, Marvin Manheim, Leon Mayhew, Martin Meyerson, Lloyd Rodwin, John Sevier, Martin Starr, Russell Steere, and James Wilson.

I would especially like to thank those who assisted me in the process of getting access to and abstracting data from the official records of the Urban Renewal Administration. They are: Warren Deem, W. H. Gelbach, Jr., Nat Grossblat, Martin Meyerson, Morton Schussheim, and William Slayton.

A special acknowledgment is due the secretaries who typed this manuscript: Hazel Bright during the early drafts, Susan Alexion and Lydia Auguston during the later ones.

This study was financed by the Joint Center for Urban Studies of M.I.T. and Harvard operating under a grant from the Ford Foundation. Their generous financial support, together with the excellent research facilities provided, aided the study greatly.